极简整理术

[日]川上雪　著

江苏凤凰文艺出版社
JIANGSU PHOENIX LITERATURE AND
ART PUBLISHING, LTD

前　言

在进行收纳时，“开动脑筋”是不可或缺的。

如何巧妙利用有限的空间？东西摆在什么位置才能便于使用？这类思考日积月累，最终形成了方便我们生活的收纳方式。

然而，能如此收纳的，仅限于已在一定程度上习惯收纳、能掌握最终整理目标的人。

倘若尚对收纳一窍不通就要“动脑筋”，很容易心生疑惑——“那个该怎么处理呢”“这么做真的能行吗”……越想就越深陷于担心与不安的泥沼中。这种感觉与我们还是职场新人和第一次开车时是一样的。

有些不擅长收纳与整理的朋友在感到不安时，往往会就此放弃整理。

本书为这些朋友归纳整理了不少收纳窍门。让您无需思前想后，看插图直观了解“最后变成这样”的整理目标。通过简单操作，收获显著效果。

本书中介绍的整理与收纳方法，能够切实整顿构成我们生活的基础。书中介绍的窍门虽不是能让您在不知不觉中减少工作量，但一项一项地尝试之后，相信您一定能切身体会到“真的，生活变轻松了”。

努力尝试的乐观心态若能收获成果，厌恶整理的意识便会逐渐消失。巧妙地收纳，会让日常的收拾整理日渐轻松，不再需要“开动脑筋”。

衷心希望苦恼于收拾的朋友能跟着本书多做尝试，在收纳整理中更加热爱我们的生活。

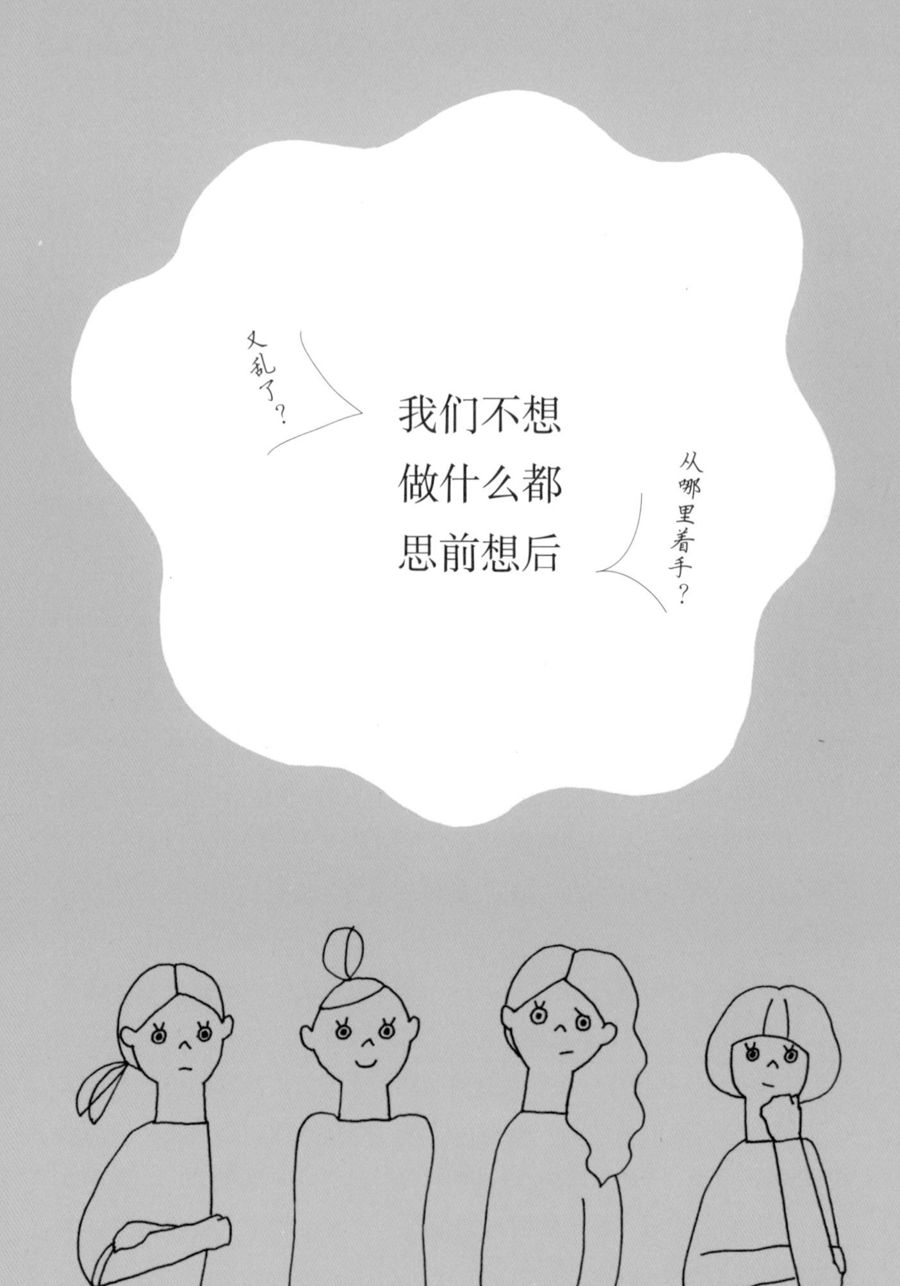
又乱了？
我们不想
做什么都
思前想后
从哪里着手？

所以本书中……

1 从哪里开始好呢？“不需考虑”顺序问题

所有条目均采用 Q&A 形式。看到与自己相同的烦恼，就可以直接开始尝试。看过插图、了解“原来可以变成这样”后，只需模仿书中的步骤做即可。从哪里着手？怎么展开？完全不需考虑麻烦的顺序问题。

2 如何解决问题呢？“不需考虑”解决方法

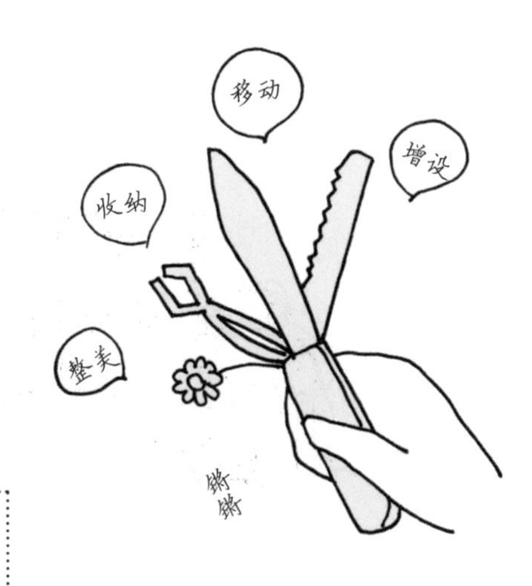

4 大整理妙招

移动妙招

移到正确位置

增设妙招

开辟新的收纳场所解决问题

收纳妙招

有效利用空间

整美妙招

修正外观以打造整洁感

被要求“对客厅中使用的东西进行分类”，免不了要动脑思考。可听到“收起家务用具放入橱柜中”却能立即动手完成。本书会明确“需要做的事”，用 4 大妙招的其中之一来解决问题。

3 还会变乱吗？“不需考虑”反弹问题

我对收纳的见解，源自在日常生活的思考中获得的收纳诀窍、作为住宅开发商的收纳研究和对一般住宅进行收纳改善时积累的经验。本书内容，是针对整体居室提出的。书中介绍的方法看似简单易行，实则是针对杂乱的根本原因对症下药。您无需担心“收拾完后会反弹”。

目录

第 2 章 餐厅

第4章 衣柜

第 5 章 其他

本书数据记录时间为 2015 年 10 月。另外，商品信息及店铺信息均基于笔者购入时。考虑购买时，请事先确认。

1 客厅 Living

客厅是生活的中心，从重要文件到玩具，各种物品混聚一堂。

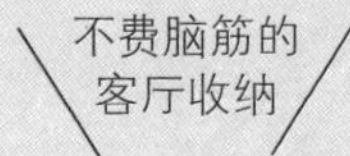

●物品不再混成一团 →用移动妙招将同类物品放在一起

●消灭“拿出不放回”→用增设妙招追加物品的指定摆放点

●放不进的部分是需要下功夫的地方 →用收纳妙招全部放入

●留意室内设计 →用整美妙招，实用美观两手抓

Q. 乱糟糟的，实在受不了了！好想整洁清爽地生活。

before

整理后的收纳筐和没有放回原位的物品全都散乱在地板上。

移走的是直接放在地板上的东西。

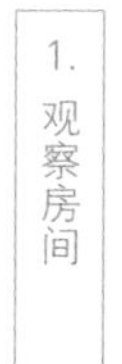

确认家具的边界线。

A. 在地板上空出大块四方形区域，打造房间的整洁感！

也许问题不只一处，不过可以先将放置在地板上的物品移到一边与家具齐平。当地板上空出大块四方形区域时，整个房间的整洁感会大幅提升。

是不是把地板也当做放东西的地方了？从地板开始收拾吧。

after

移开物品，在地板上空出四方形区域

只需将物品移到一边与家具齐平，就能在地板上空出大块的四方形区域。

将物品移到与家具齐平。

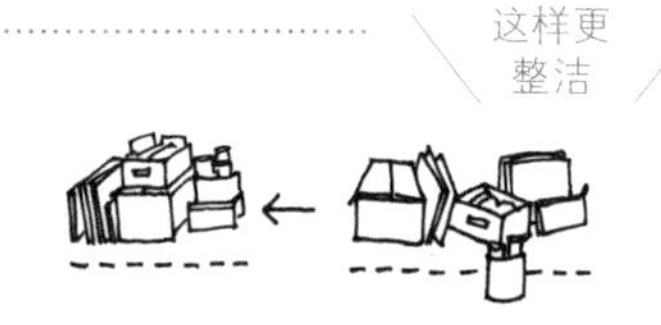

对移到旁边的物品稍加整理，摆放整齐，能进一步提升整洁感。

Q. 什么不行？适合放在客厅与不适合放在客厅的东西。

将长期贮存物品搬走。
如果东西还是减不下来，可以将家务工具也搬走。

用「移动妙招」解决

移走的是正在使用或与家人共用的物品以外的东西。

挑出“长期贮存物品”与“家务工具”。

A. 将“长期贮存物品”和“家务工具”搬出客厅。

物品减少后，主人可利用的空间相应扩大。客厅只留下最低限度的物品，将能存放于别处的“长期贮存物品”和“家务工具”搬走。

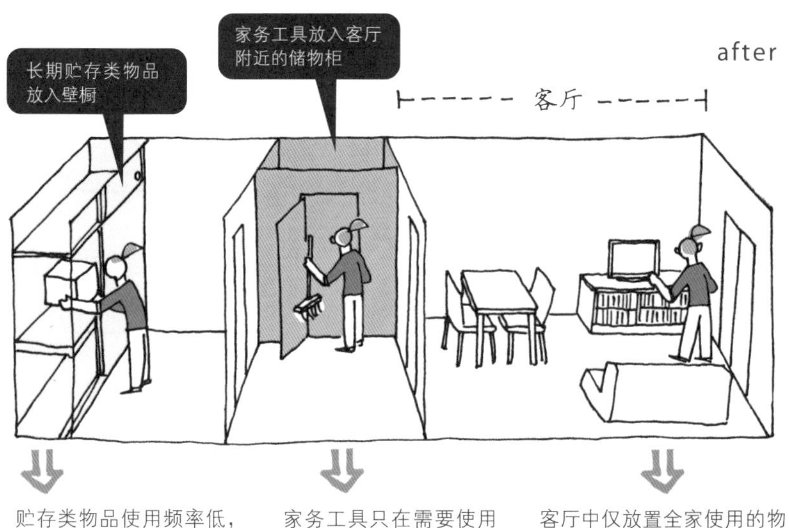

贮存类物品使用频率低，存放处可以远离客厅。

家务工具只在需要使用时拿去客厅。

客厅中仅放置全家使用的物品和使用中的娱乐物品。

2. 找地方

寻找客厅以外可供收纳的地方。

3. 搬东西

搬走“长期贮存物品”和“家务工具”。

Q. 将物品分类？光是听到这样的要求就觉得头大。

before

客厅里放有各种东西，完全不知道该怎么整理……

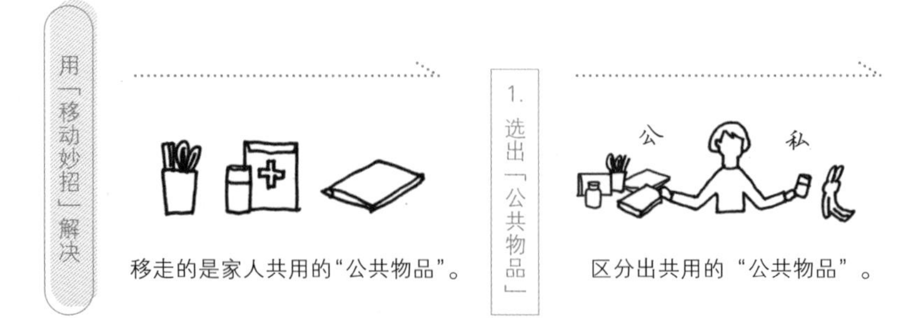

移走的是家人共用的“公共物品”。

区分出共用的“公共物品”。

A. 别担心，只需挑出家人共用的“公共物品”就 OK 啦！

将家人共用的物品和重要文件统一放在客厅橱柜中。确定了存放位置，需要时能很快取出，也方便其他家庭成员取用。

公共物品（家人共用、重要文件等）　　个人物品（各自私物，娱乐、兴趣相关物品）

统一集中到一处，放入其中（可选择客厅内的任意橱柜）。

这样就轻松了！

“公共物品”即家庭的重要物品。只要按照优先顺序，先整理出重要物品，再收拾玩具、个人物品、不需要的东西，就可以轻松做出判断了！

Q. 个人物品到处乱放，该怎么收拾好呢？

before

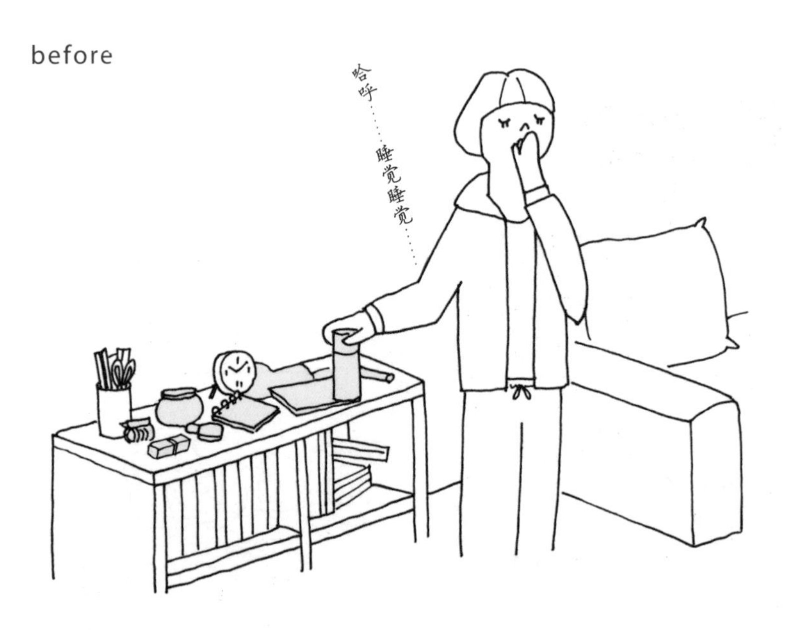

东西用完往柜子上随手一放。看似物归原位，却给人以杂乱之感。

需要移动的是“个人物品”。

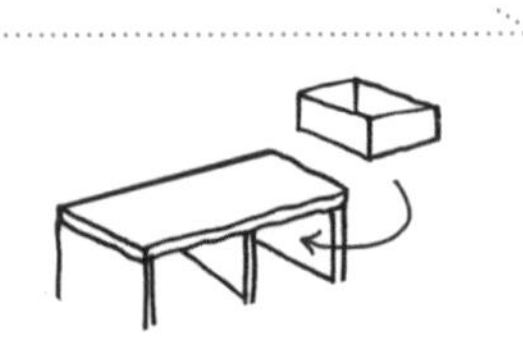

准备可以放入橱柜的收纳盒。

A. 从“随手放柜子上”改成“随手放收纳盒中”。固定收纳盒的位置让效果更加完美！

个人物品可以统一放入盒中“隐藏收纳”，放在橱柜的固定位置上。个人物品没有统一感，容易散乱在各处。利用收纳盒不仅能消除杂乱感，还能明确个人物品的固定位置。

after

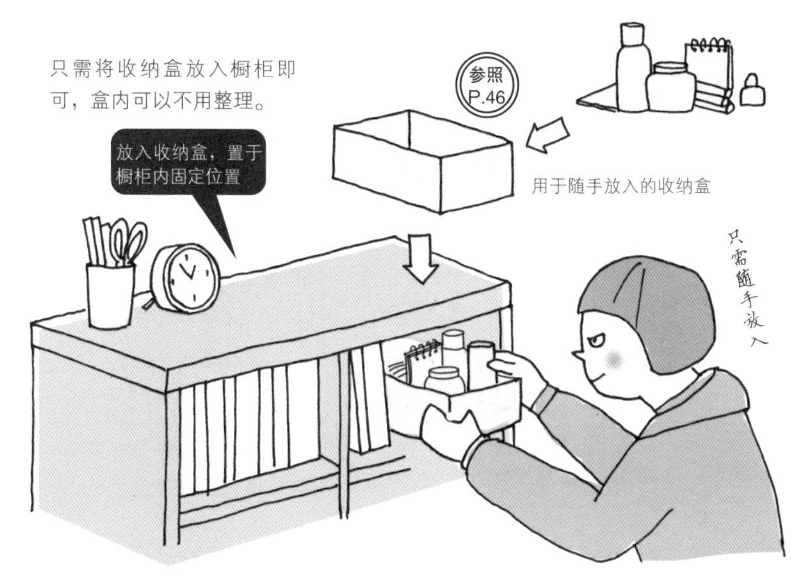

使用完后拿出收纳盒，随手放入。行为虽然相似，可不论在视觉感官上，还是在物品位置的固定上，都与之前有了质的飞跃哦！

2. 放入个人物品

Change!

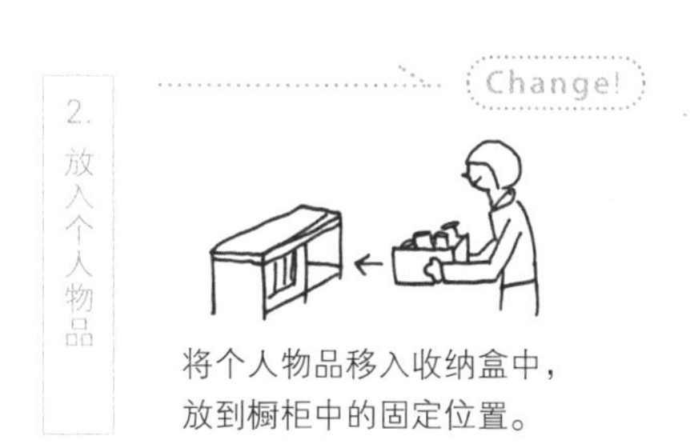

将个人物品移入收纳盒中，放到橱柜中的固定位置。

可以一直保持整洁

收纳盒中的物品放不下了，意味着清理不需要物品的时候到了。养成定期清理收纳盒的习惯，就能长时间保持整洁。

Q. 怎么能把外套挂在那儿呢？先生回到家脱了衣服挂在客厅。

before

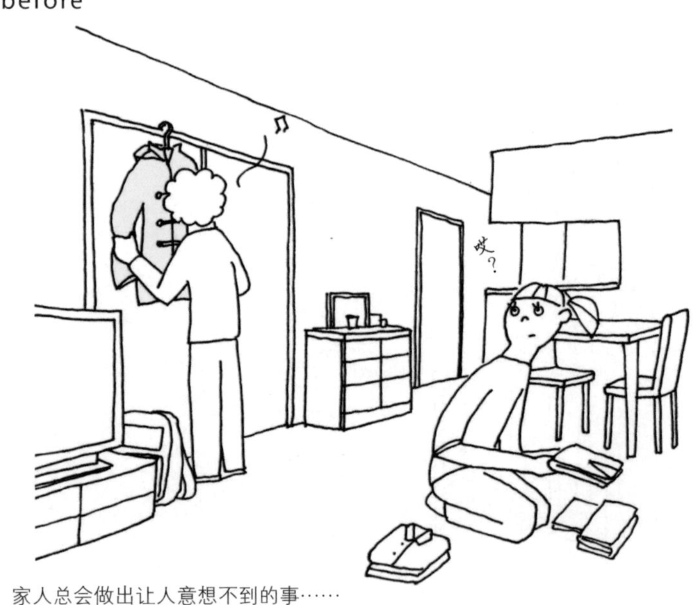

家人总会做出让人意想不到的事……

用「增设妙招」解决

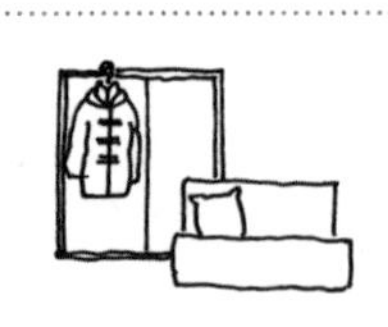

需要增设的是可以挂外套的地方。

1. 找地方

在客厅外寻找可以挂外套的地方（可以观察过道和隔壁房间）。

A. 把衣服挂在家人欢聚一堂的客厅可不行！在客厅附近找个地方吧。

把衣服挂在客厅看起来十分杂乱（最理想的是不随处挂），建议挂在客厅以外的地方。寻找一个①从客厅看不见、②一进家门能方便挂放的地方吧。

after

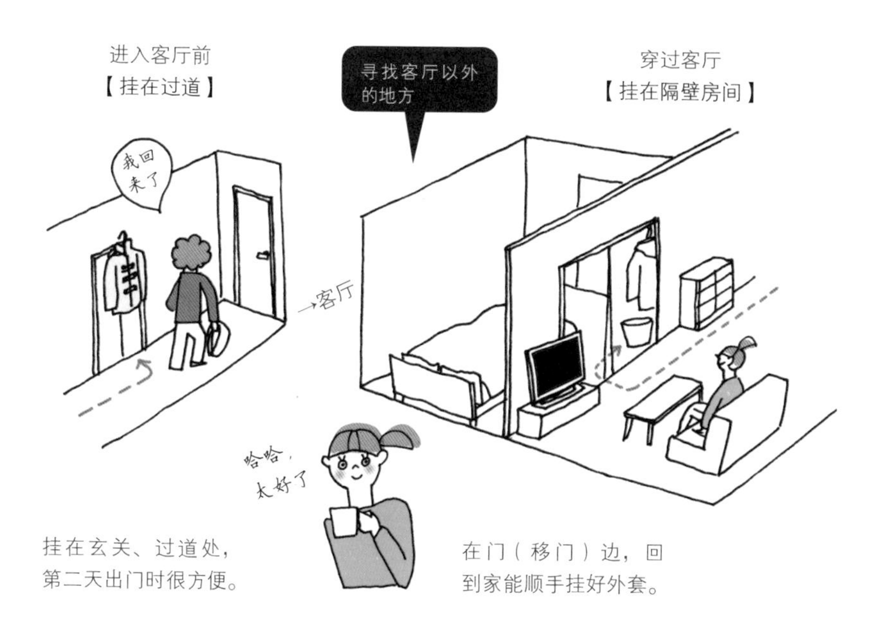

挂在玄关、过道处，第二天出门时很方便。

在门（移门）边，回到家能顺手挂好外套。

Change!

确认取挂方便后，增设衣架（取挂不便会导致挂钩形同虚设，需要特别注意）。

还能更整洁

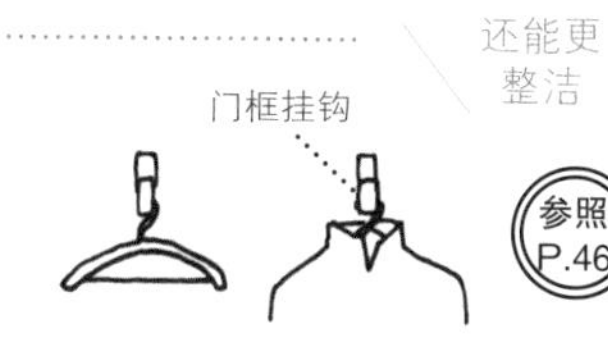

参照 P.46

在门框挂钩上挂衣架，给人以“整齐感”。

Q. 孩子的玩具乱成一锅粥，每天都收拾得精疲力竭。

before

堆放玩具的地方太大，使得堆放场所和玩耍场所混淆，玩具乱作一团，收拾时无从下手。

用「移动妙招」解决

需要移动的是孩子的玩具。

在客厅附近寻找可收纳的场所（隔壁的房间有空位吗？）。

A. 将特别喜欢的玩具和普通玩具三七分，只放三成在客厅。

从放在客厅的儿童玩具中，选出三成孩子特别喜欢的，与其他玩具分别放在两处。客厅中的玩具量减少后，不仅容易收拾，还能持续保持整洁状态。

玩具可以与孩子一起分类。将三成“特别喜欢”随时可以取来玩耍的放在客厅，剩下七成“其他玩具”则移至候补收纳处，想玩时再拿出来。

2. 对玩具进行分类

区分特别喜欢的和兴趣一般的。

3. 移走七成玩具

只留下特别喜欢的玩具放在客厅。

1　本书的写作契机——与 Y 女士的相遇

一个炎热的夏日午后，Y 女士嗓音清亮地说道："买收纳用品怎么会量尺寸嘛。"我解释道："可量了尺寸才能大小吻合，不会买错呀。"随后，我继续围绕收纳，介绍了一番。Y 女士听后又提出："您是说将狭小的间隙利用起来，把东西往那些缝里塞？做不到，做不到，这太难了。（笑）""很难吗？只要稍微动一下脑筋就行啊。""其实您说需要动脑筋，我就已经不想思考了。""……"Y 女士三十出头，在职场里聪明干练，家务也做得井井有条。她凡事都能应对自如，不知为何却不擅长收纳和整理。Y 女士坦言："回到家看到乱糟糟的房间，瞬间感觉疲惫不堪。"随后，她自嘲怎么整理都理不清，说道："想来我一定是不会收纳整理的性格吧。"

这时，我突然明白了。当今的职业女性在职场肩负重大责任，工作中耗费大量心力却不为人所知。不久前，女性们还有时间能多做尝试，可以在反复失败中自行总结收纳整理之道。可今天，留给女性的时间如此短暂，单是做饭、洗衣和每日的家务就已将时间消耗殆尽。在紧张的家务之余努力收拾，可结果却不尽如人意。换了是谁，都会对收拾产生厌恶心理。

我认识到，自己根本没有设身处地地为 Y 女士考虑，一直在用大道理向她说教。现在的 Y 女士所需要的，是切实可行的方法与不费时间让人快速理解的说明，就好像来到她身边拉起她的手告诉她“这么做”。看着 Y 女士自叹性格做不了收拾、放弃努力的样子，我的胸中涌起一股冲动——明明还有更需要教给她的办法。

收纳整理是一种技能，只要学会就能一直顺利进行。世上根本不存在不会收纳整理的性格。为了帮助 Y 女士和其他感叹自己不会整理的人们，我决心撰写本书。这就是我动笔撰写个人著作史上最注重内容简明易懂性的收纳书的契机。

Q. 明明有柜子和收纳箱，可还是乱糟糟的。到底怎么回事？

before

客厅里很容易聚集一些莫名其妙的杂物。

即便有柜子和收纳箱，可如果都是些开放式的收纳工具，放在里面的杂物一目了然，还是会给人留下乱糟糟的印象。

用「增设妙招」解决

需要增设的是有门的橱柜。

1. 添置家具

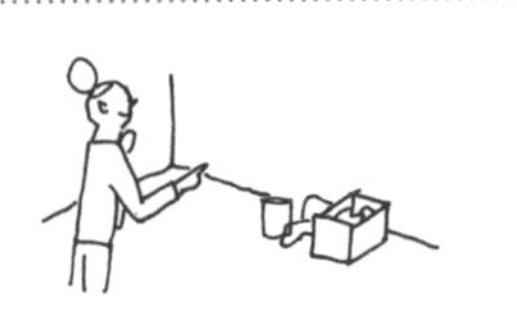

测量尺寸，选购家具。

A. 问题在于家具的选择。除了开放式的柜子，有门的橱柜也是必需品！

在客厅中，有一个带门的橱柜非常重要。因为客厅中很容易聚集莫名其妙的小东西和各种杂物。只要将它们隐藏起来，室内的整洁感就会大幅改善。

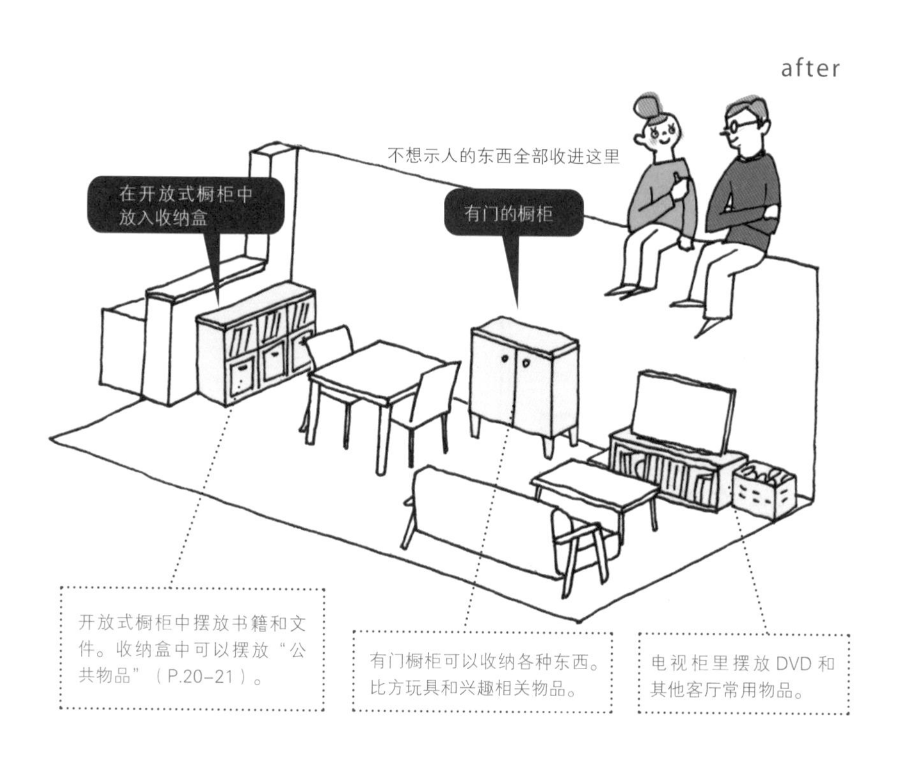

2. 移动物品

Change!

收纳美容仪器、玩具、按摩工具、游戏用品、纸质文件、兴趣相关物品等

将不想示人的物品收纳到柜中。

没有橱柜怎么办？

开放式橱柜配上收纳盒，可以收到与带门橱柜一样的“隐藏收纳”效果。

Q. 想收纳进柜子里，却没有空间，无计可施。

before

这种时候，若能自己创造空间，收纳能力会大大提高哦。

想把新买的 DVD 和香氛喷雾收起来，却没有空间……

A. 将现有的空隙巧妙利用起来，就能腾出空位来！

在橱柜中寻找较大空隙，将这些地方利用起来，就能腾出新的收纳空间。当您遇到“只要再稍微加把劲就能都放进去”的时候，不妨这样考虑。

Q. 全部收进橱柜中了，但取用很不方便，是哪里做得不对吗？

before

仔细观察会发现，同类的东西分散放在多处。这么一来，每次取用十分不便。

A. 向第 2 阶段转型，
采用更方便取用的收纳方法。

都放进橱柜了，可取用很不方便。遇到这类问题，可能是您的收纳方法不好。只要将同类物品整合到一起，就能改变取用不便的状况。

after

用“收纳妙招”解决！

【第 1 阶段】　　【第 2 阶段】

将同类物品摆放在一起，基本确定物品的固定位置。

为了更好地收纳小件物品，可以将物品放入收纳盒中，调整成方便取放的状态（顺带一提，这就是人们常说的“一盒一用途”的收纳状态哦）。

Q. 还有其他利用空隙的方法吗？
好想了解更多手法。

A. 将物品巧妙叠放也能腾出空位来。

使用叠放法收纳时，请将不常用的物品放在下面。只要在叠放时留意“经常使用的物品取用是否方便”，就不会搞砸。

2 收纳的乐趣在于“顺手、顺手、顺手”

我结束每天的工作开始收拾房间时，往往已是深夜零点左右。结束晚餐后的工作，作为一天的收尾，我会去厨房清洗餐具，收拾散乱在各处的物品。

在收拾时，若用一个词来形容将物品归位的感觉，最合适的大概要数“顺手”。顺手将拿出的橄榄油放回柜子，顺手把散乱的汤匙放入托盘，顺手丢掉罐头番茄的空罐，顺手放好扫除工具，顺手、顺手、顺手……身体忽左忽右，一举一动节奏感十足，收拾整理仅需一两分钟就能全部完成。正如“顺手”一词给人带来的闲适感那样，收拾的过程中，我几乎什么都不用想，就连思考“把这个拿出来后没放回去的犯人是谁？”的时间都没有。收拾完房间的下一个瞬间，我已走向盥洗台准备刷牙了。

本书的前言中也提到，“巧妙地收纳，会让日常的收拾日渐轻松，不再需要‘开动脑筋’”。这是千真万确的。确定好容易取放的固定位置，让取放成为习惯后，每天的收拾整理只需“顺手”就能轻松完成。

假设我的厨房中物品没有固定位置，情况会如何呢？“橄榄油……柜子里放不下了，塞到里面去吧”“扫除工具没有地方摆，总之先搁在地板上吧”……像这样，每收一件物品都要开动脑筋。有干劲的日子里能完成整理，可要是遇到疲惫不堪的日子，想来定会放弃收拾。

我认为，“确立固定位置”不是为了自律地生活，而是为了让今后的自己能更轻松地应对整理收拾。消除细微的压力源，让我们在获得空间的同时，也得到了内心的从容。而这份从容，正是忙碌纷繁日常中对我们而言最为珍贵的褒奖。

顺带一提，前几日，我先生要把鱼冷冻起来。他边密封保鲜袋边说："不论做什么都能轻松搞定，感觉自己特别会过日子。"看来"顺手"的乐趣也能传递给家人呢。

Q. 收下来的衣服经常直接散放在外。

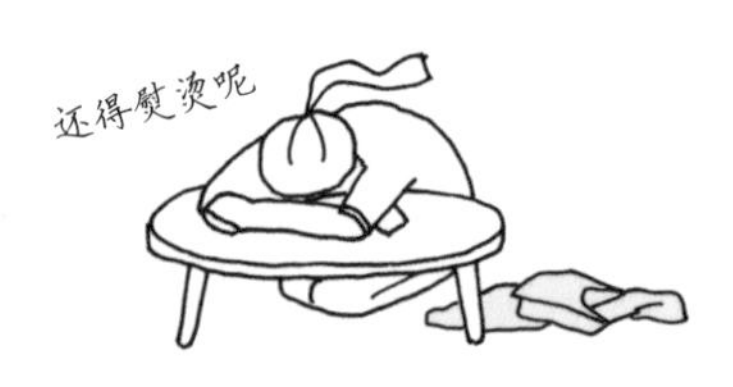

before

原本打算熨烫的，但来不及了。将收下的衣服散放在外匆匆出门上班……

用「增设妙招」解决

需要增设的是衣物的固定位置。

1. 添置收纳筐

准备较大的浅色布艺收纳筐（推荐与格子柜组合使用的“中号收纳筐”）。

A. 使用中号收纳筐临时对应，防止散放引发杂乱。

准备熨烫的衣服有一段时间会散放在外。如果常发生这种情况，不妨进行“临时对应”。只要衣物有了固定位置，看起来就不会那么碍眼了。

临时散放在外是常有的事。不妨想一想如何摆放才不碍手碍脚吧。

after

勉强及格

将收纳筐放在固定位置

不用时收入沙发下

在矮桌下、沙发边（图中的橙色处）增设收纳筐，使衣物不再散乱显眼。

2. 放入洗好的衣物

Change!

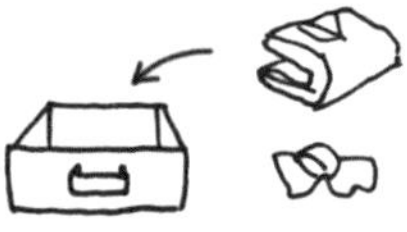

将衣物简单折叠后放入收纳筐。

这点要注意哦！

较大的收纳筐不是指能放大量衣物的大筐。收下晾好的衣物后，只将还没来得及熨烫的衣服简单折叠收入筐中。

Q. 熨衣台一直搁在外面，我是家务不合格的女人吗？

before

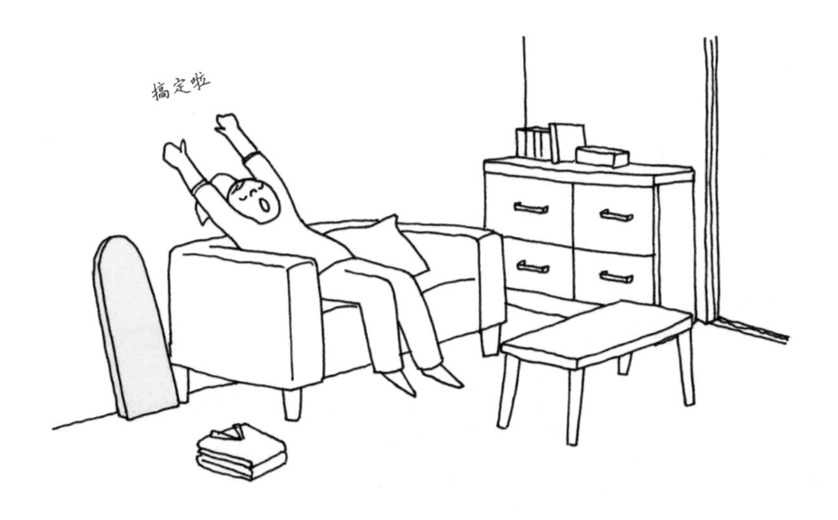

没处收纳，总是搁在外面。因为在客厅使用，所以想找个地方把熨衣台收起来。

需要移动的是熨衣台。

1. 确认尺寸

确认折叠后的熨衣台的高度。

A. 只要有能插放的空隙，完全可以在客厅收纳。

熨衣台折叠后体积缩小，插放入家具的间隙便可轻松收纳。有时储物柜太远，收纳不便，可以在家具间隙处寻找固定位置，进行收纳。

熨衣台折叠后高度只有 5-6cm。上图所示的间隙其实很多，只需插放其中就可以了。

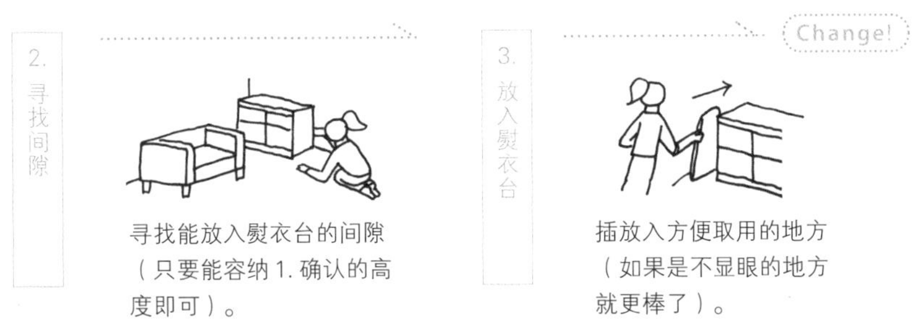

寻找能放入熨衣台的间隙（只要能容纳 1. 确认的高度即可）。

插放入方便取用的地方（如果是不显眼的地方就更棒了）。

Q. 摆在沙发边的杂物收纳篮，买什么样的好呢？

before

摆在沙发边的收纳篮，尺寸太小不协调。想要美美地收纳！

用「整美妙招」解决

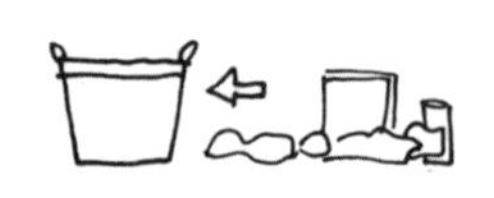

需要调整的是沙发边的收纳篮。

1. 确认尺寸①

将需要放入的杂物归集起来，确认高度（查看最大物件的尺寸）。

A. 想要选一个帅气的收纳篮放在地板上，只需要确认两次尺寸就 OK！

放在沙发边的收纳篮要兼具实用性和装饰性。想两全其美看似困难，其实只要测量物品与沙发的尺寸就不会选错了。

after

收纳篮需要略大一些，这样才能在巨大的沙发边具有分量感。作为装饰，达到良好的平衡感。

内置物品不能露出来

确认物品能否完全放入

【第 2 次】

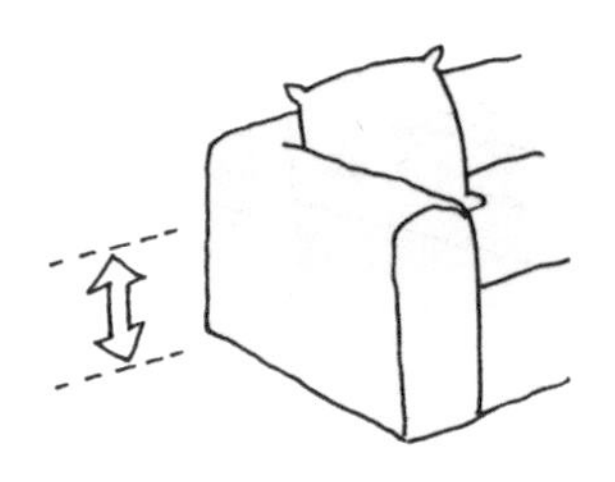

确认是否高于沙发高度的 1/3

2. 确认尺寸 2

Change!

确认是否高于沙发高度的 1/3（超过 1/3 可获得良好视觉平衡感）。

一句话补充

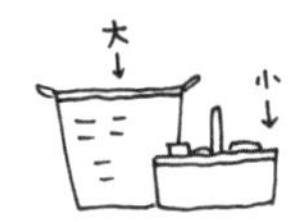

在房间中设置 1 个或一大一小两个摆在地板上的收纳篮是最好的。毫不做作地自然摆放是高级收纳技巧，不妨留心尝试一下哦。

Q. 试着布置了一下，却有点怪，该怎么办好呢？

before

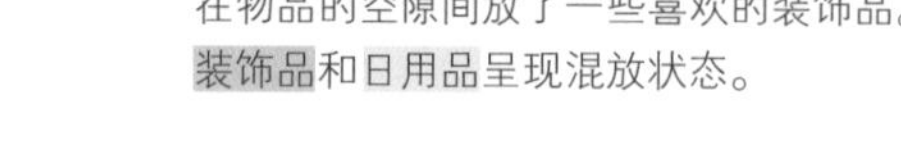

在物品的空隙间放了一些喜欢的装饰品。
装饰品和日用品呈现混放状态。

需要调整的是想要展示的装饰品。

1. 移动装饰品

取出埋没在日用品间的装饰品。

A. 不要与日用品混放在一起，只要分开摆放，随便怎么放都很可爱哦。

相框、摆件、鲜花，装饰品摆放的关键是要与日用品彻底分开。在柜顶上摆满装饰品，会自然形成可爱温馨的室内一景哦。

after

只需将收纳日用品的地方和摆放装饰品的地方区分开，就能漂亮地完成布置。

2. 集中摆放装饰品

Change!

装饰品集中摆放在柜顶（日用品收入柜中）。

使用收纳筐隐藏

使用收纳筐隐藏收纳。收纳筐要能够遮挡住最高物品的七八成高度。

用于客厅的收纳单品

收纳篮和收纳箱频繁使用于客厅之中。
选择大小合适、材质外观优秀的单品，令房间变得清爽有序。

P.21

放置个人用品的收纳盒尺寸不要太大

选择放置个人用品的收纳盒时，若因“想放很多物品”选中号收纳筐（如左页上图）那样长方形的收纳工具，容易一不小心堆积太多物品。尺寸最好不要超过右图的 DVD 收纳筐（长 29cm× 宽 23cm× 高 15cm）。

NITORI DVD 收纳筐 BANKWAN DVD

P.23

外套挂在“门框挂钩”上，完美确立固定位置

照片展示的是小巧轻薄的门框专用挂钩。衣架直接挂在门框上，很容易造成位置随意变动。使用门框挂钩，每次都在同一位置挂放，能完美确立固定位置，还有黑色款哦。

HILOGIK 门框挂钩 S1 T685

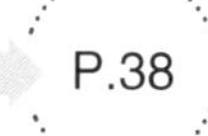

P.38 临时存放洗好的衣物，用中号收纳筐刚刚好

与格子柜组合使用的中号收纳筐（宽 38cm × 高 12cm），无印良品等品牌也有推出同尺寸的商品。如果您用于临时放置用收纳的预算不多，不妨看看低价的相似款产品。

NITORI 收纳筐 TAG2（中号 BR）

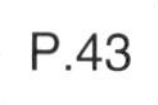

P.43 沙发边的收纳篮可以在洗衣篮中挑选

放在沙发边的大号收纳篮，可以从洗衣篮中挑选。适合的尺寸、材质非常多。素材太过柔软，放入物品后会弯曲变形。推荐选择比较结实的材质哦。

ACTUS 洗衣篮

餐厅

Dining

餐厅除了用餐，还是孩子写作业和使用电脑的地方，会积聚很多琐碎的东西。

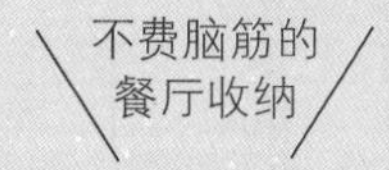

●将桌面上的东西清零 →用移动妙招将物品从桌面拿走

●消灭“不知不觉地堆放”→用增设妙招追加物品的指定摆放点

●隐藏生活杂乱感 →用整美妙招完美隐藏杂乱感

Q. 啊啊，全是东西，想做事时发现完全无法动弹！

零食、文件、笔记本电脑、印章……什么都摆在餐桌上，不先收拾一下根本没法做事。

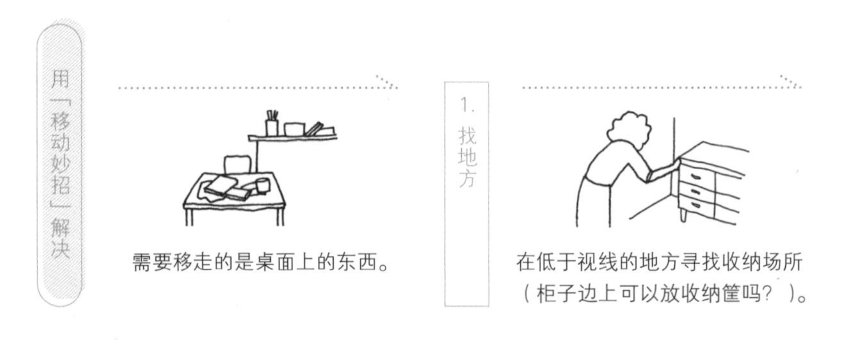

A. 视线的下方，竟然有这么多收纳场所。

为了能随时用餐、使用电脑、整理资料，必须将餐桌上的东西清空。将物品收纳在低于视线的地方，整个房间看起来更整洁。

after

吧台及其他橱柜顶部如果和餐桌一样不放东西，整洁感会倍增哦！

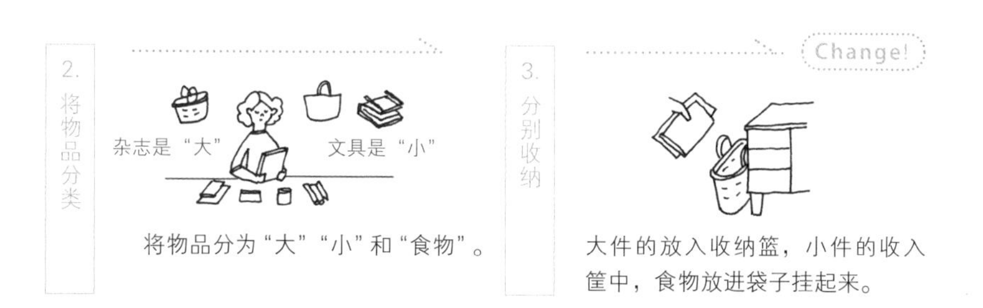

Q. 在餐桌上使用的物品要收放到哪里呢？

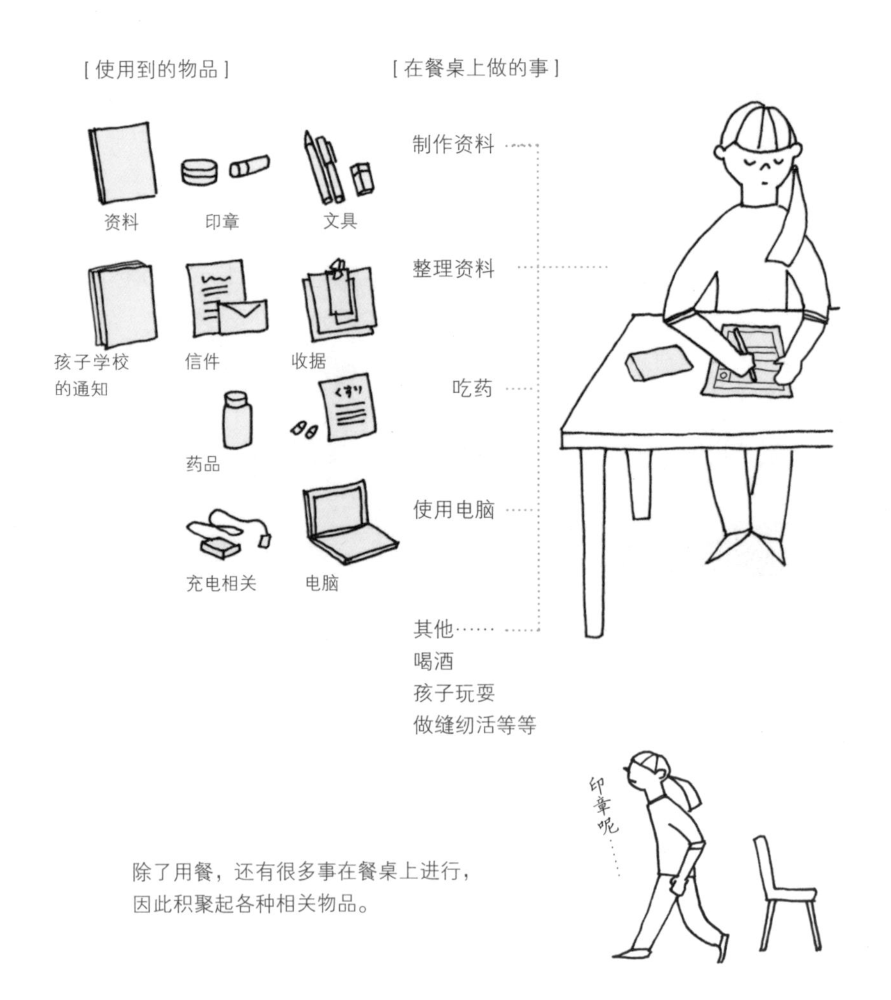

除了用餐，还有很多事在餐桌上进行，
因此积聚起各种相关物品。

A. 整理出会在餐桌上使用的物品，放入附近的橱柜中。

在餐桌上使用的东西以纸张和小件物品为主。先找好可以收纳这两类东西的地方，将它们移走。仔细整理可以之后再做。

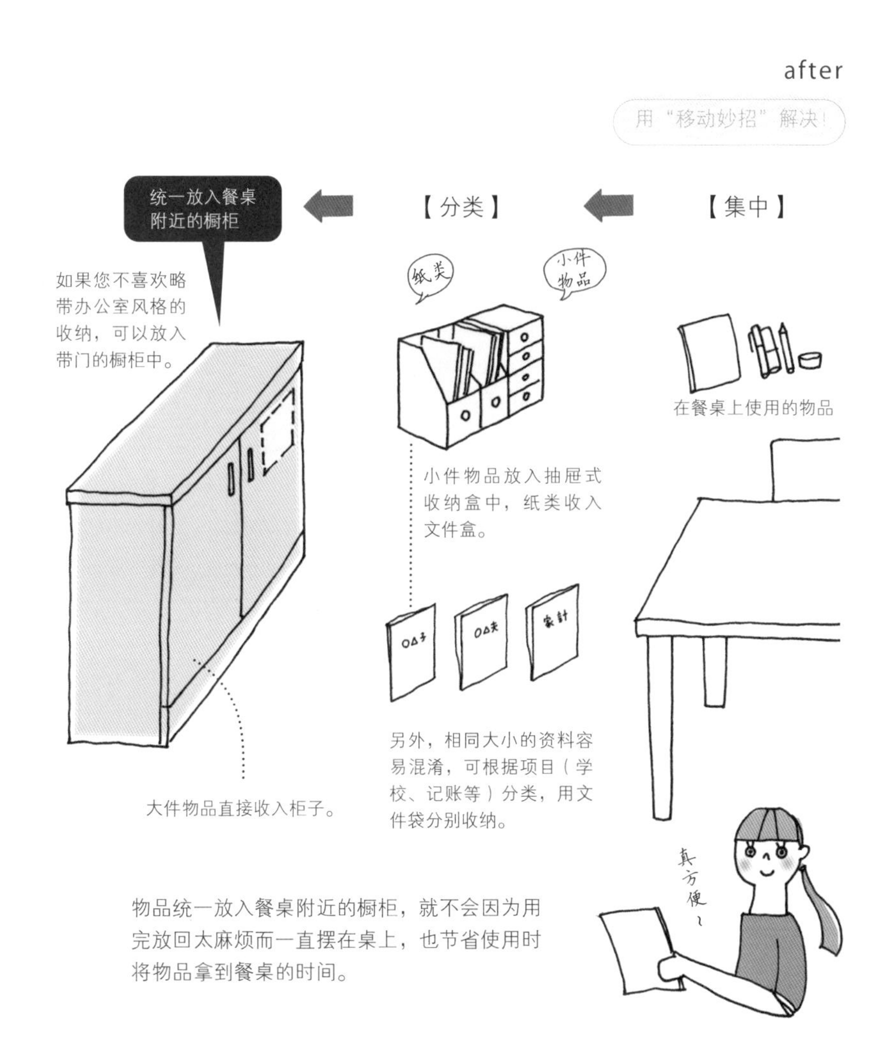

物品统一放入餐桌附近的橱柜，就不会因为用完放回太麻烦而一直摆在桌上，也节省使用时将物品拿到餐桌的时间。

Q. 回家后总把包往地板上或椅子上丢，想坐时却没地方坐了。

before

一回到家，先把包包往椅子上放。回过头来还得收拾椅子上的包才能落座。

需要增设的是通勤用包的固定位置。

根据空间大小选择收纳工具。

A. 桌边挂钩 & 圆凳，解决问题的两大法宝。

回到家后，包或者挂在桌边挂钩上，或者放在圆凳上。
包包有了固定位置，无需多次移动，不再烦心。

在餐桌或房间角落确立包包的固定位置，就不会再碍手碍脚了。

挂钩挂在桌腿边上，包就不会撞到腿了。

or

3. 放在圆凳上

包容易滑落，注意将圆凳摆放得靠近墙壁。

Q. 孩子在餐桌上写作业，学习用品散乱不堪。

before

收纳盒与现有的家具不足以收纳，学习用品散乱放置在各处。

用「增设妙招」解决

需要增设的是孩子的学习用品的收纳场所。

1. 找地方

在餐厅寻找添置家具的地方（吧台边或现有家具边如何？）。

A. 在餐桌附近增设摆放书包和学习用品的新橱柜！

最近，不少初中生也会在餐厅学习。这么一来，学习用品在餐厅放置的时间将超过 6 年。可以考虑不再临时摆放，而是添置家具，确立学习用品的固定位置。

after

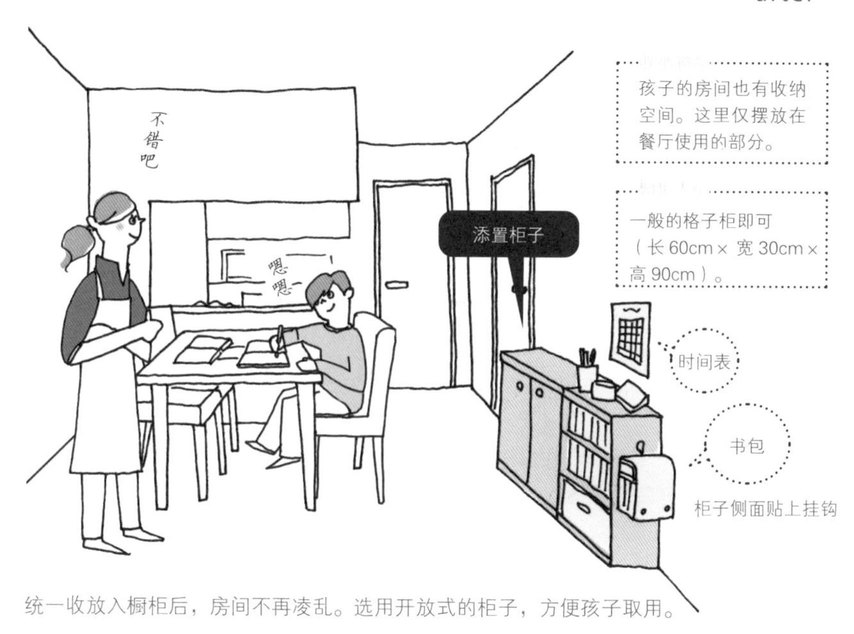

统一收放入橱柜后，房间不再凌乱。选用开放式的柜子，方便孩子取用。

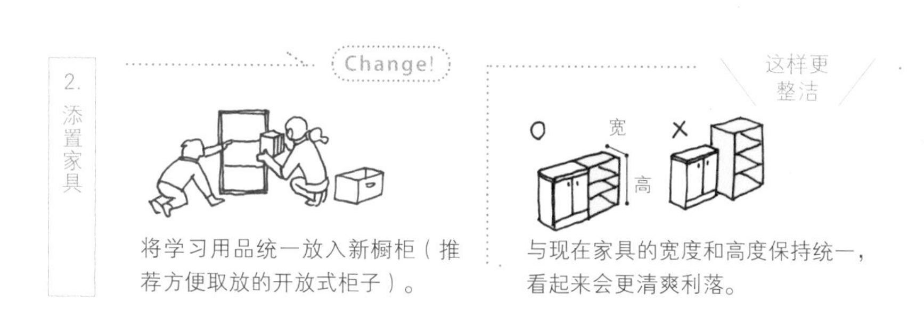

将学习用品统一放入新橱柜（推荐方便取放的开放式柜子）。

与现在家具的宽度和高度保持统一，看起来会更清爽利落。

Q. 为什么呢？每次吃饭总是无法安心。

before

坐在正对灶台的一侧，物品繁多的灶台总是映入眼帘。

用「移动妙招」解决

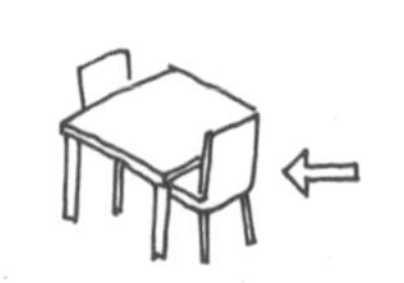

需要移动的是椅子的位置。

1. 尝试其他座位

改变椅子的位置，寻找视野较好的座位（最佳位置是视野里没有杂物的座位）。

A. 不妨尝试移动椅子，换个位置。

令人焦躁不安的原因之一，是座位的视线范围。如果从座位上能看到乱糟糟的物品，我们的心情会受到影响变得焦躁。试着移动椅子，换个座位吧。

after

比方，坐在转 90° 的位置后，用餐时就看不到灶台的杂物了。

2. 移动椅子

Change!

将椅子搬到视野更好的位置。

一句话补充

同样的道理，“从经常进入视野的地方开始收拾”，不希望太显眼的东西“放在视线范围之外”都是有效的办法。了解视线范围对收纳很有帮助。

3　我们是率领队伍的名教练

与家人一同生活，收拾整理的原因会从四面八方纷至沓来。先生用完东西不放回原位，孩子的玩具散乱在外……一个人生活时不会发生的各种问题令我们烦恼不已。有时，我们也会觉得失望沮丧，抱怨“为什么大家都不帮忙收拾”。这时，您不妨这样想：“我是这支队伍的教练！”

教练的妙处，在于用自己的战略统领全队，引导大家走向胜利。即，在一个较高的位置纵观全局，努力将大家朝着好的方向引导。

家人将东西乱丢乱放时，如果像体育社团负责捡球的新成员那样跟在屁股后面收拾，难免会心生不满。既然这样，您不妨试着变身为一名指挥官，以带领全队的方式展开行动。如果将这件东西固定放在这里，不擅整理的选手（家人）就能主动收拾了。为了更自然顺利地让家人加入到收拾整理中来，还可以召开家庭成员大会。在展开行动前，先向大家分享自己的想法。一旦找到了正确的方向，就一定能发现新的办法。

初中的三年间，我参加了篮球部。可我们队非常弱，弱到让人怀疑自己参加社团活动是不是真的有意义。别说正式比赛了，我们队就连友谊赛也几乎没赢过。

我升入初三的春天，调来了一位上年纪、有打球经验的老师，做我们队的教练。在此之前，我们从未接受过任何像样的训练，就连怎么组阵式、在什么位置传球都不知道。新教练的指导令大家欣喜不已。最终，直到我退团为止，我们队还是一支弱旅。不过，虽然我们依旧在正式比赛中输球，但大比分败北的情况减少了，还有一次打赢了三年来一直让我队吃败仗的邻镇中学队。那天，大家在回家的路上欢呼雀跃，都说这三年的篮球总算没有白打。

有了名教练的指点，一定会发生改变。我们在进行收纳整理时也是如此。

Q. 吧台的“生活感”要怎么处理才好?

原本没打算放东西的，可不觉间吧台上摆满了物品，显得杂乱不堪。

需要整理的是吧台上的东西。

将日用品集中到吧台一角。

A. 用相框和花瓶等巧妙掩饰杂乱感。

布置了体积较大、吸引视线的装饰品后，具有杂乱感的日用品不再显眼。相框用于遮挡日用品，花瓶则是吸引视线的利器。

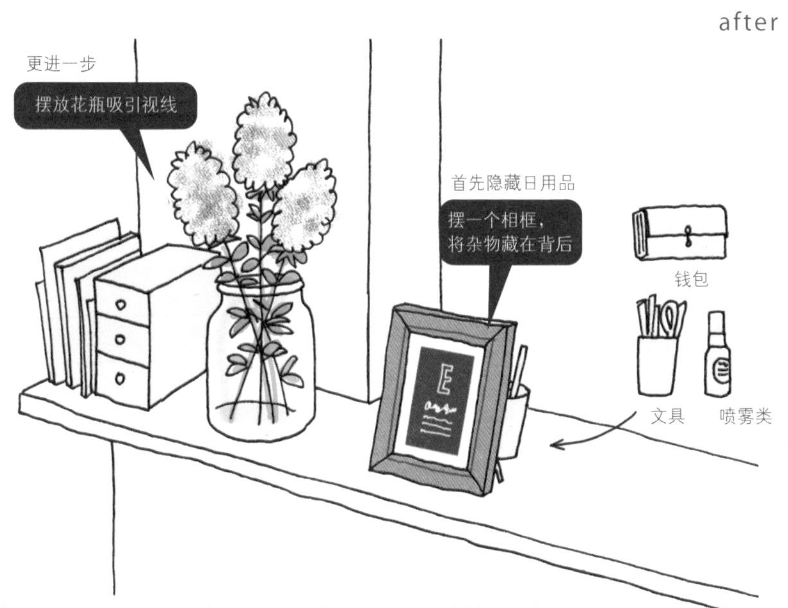

追加相比日用品体积更大更显眼的相框或花瓶，能有效削弱杂乱感。
将物品聚集摆放，只要占用位置不超过吧台长度的 1/2，就不会产生凌乱感，给人留下清爽的印象。

2. 摆放相框和花瓶

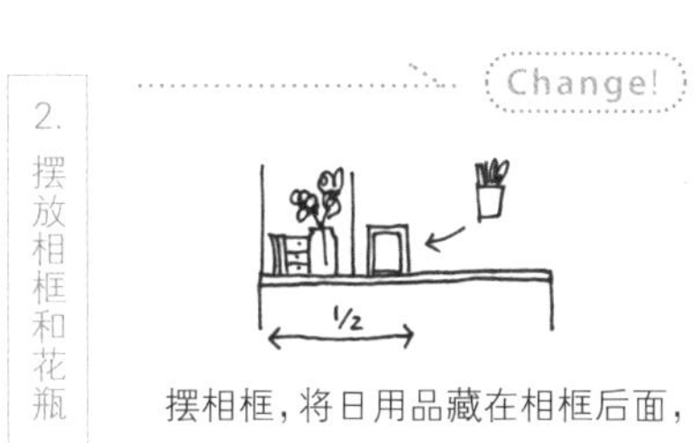

摆相框，将日用品藏在相框后面，还有空余可以添个花瓶。

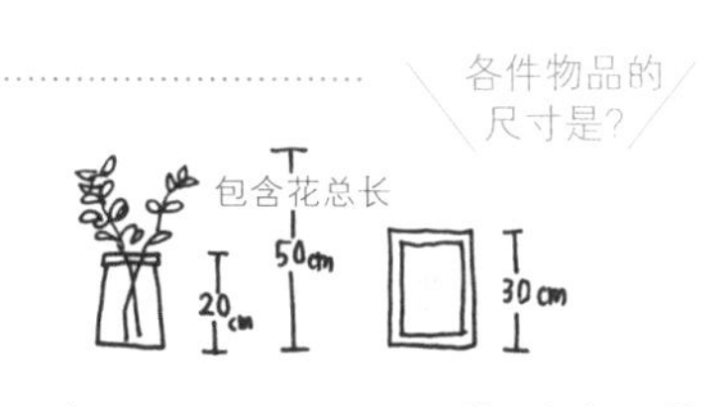

为了比日用品更吸引视线，相框和花瓶需要选择稍大的款式。

Q. 家人的 iPad 和智能手机在哪里充电好呢？

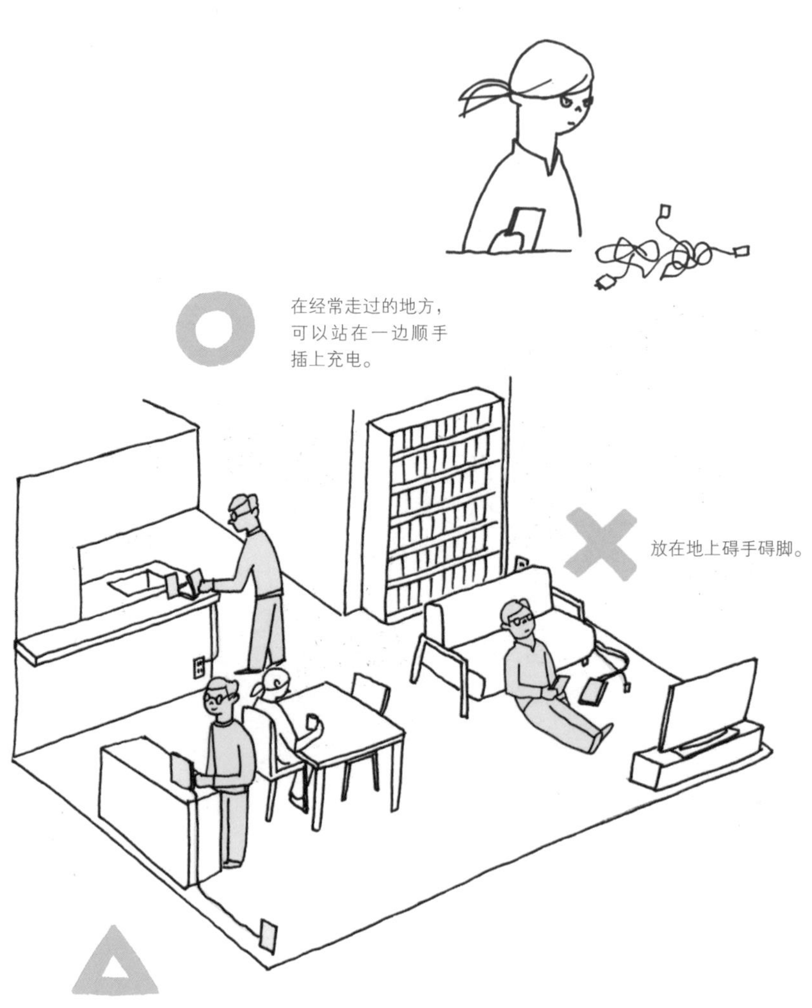

可以站在一边完成充电，但在餐桌后面，位置不方便。

A. ①经常走过；
②能站立完成充电；
符合这两点的就是最佳地点。

充电相关物品很容易乱作一团，最好能设置一个家人统一共用的充电点。只是电线繁多看起来容易显乱，需要花一点心思。整理好后不仅清爽，也与室内整体环境更加和谐。

用“整美妙招”解决！

家人统一共用
【确定地点】

添置手机架或托盘…
【还能更整洁】

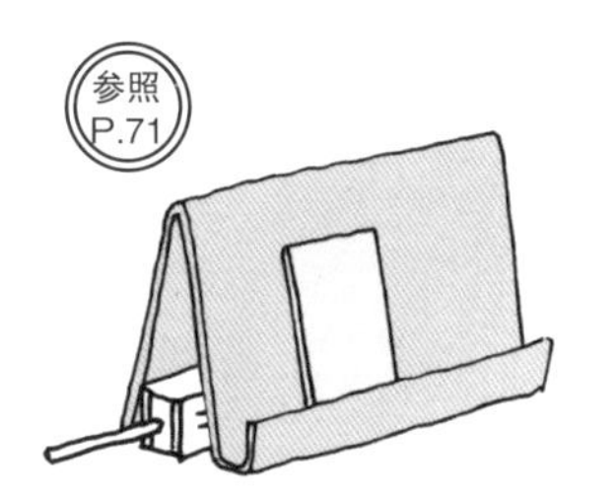

使用平板电脑架，将接线板藏在后面。

使用托盘，连接线板一起放入。

使用接线板引来电源，在吧台上设置家人共用的充电角。

Q. 小票收据累积起来了，怎么处理好呢？

- ●按项目分类
  伙食费、水电费、交通费、外食、其他……
- ●按时间分
  ○月第 1 周、第 2 周……

在收入文件夹时，可以分类摆放，以后翻看时就方便了。

以方便自己整理为标准决定分类。

对照文件夹确认收据，如有不再需要的收据就抽出文件夹。

事后会 check 收据的

【记账派】

用「增设妙招」解决

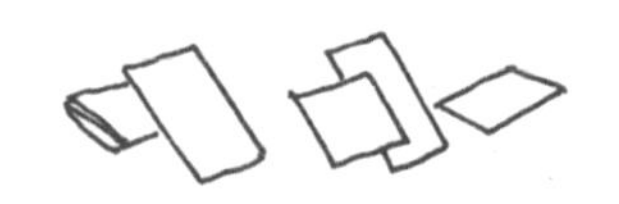

需要增设的是摆放收据的地方。

1. 认识自己

确认自己事后是否会再查看收据。

A. 之后还会查看的，用文件夹收纳；之后不再查看的，用收纳盒。干脆利落，节省处理时间。

小票收据类，根据事后是否会再次查看，使用的收纳工具有所不同，考虑自己的下一步行动（是否记账），减少耗费多余时间，干脆利落地进行管理。

可按两个月份一格分开放置的风琴包（右），或能简单地一股脑放入的收纳盒（左），都可以选用。

偶尔有需要可在盒中寻找，不费心力地简单管理。到了年末统一丢弃。

事后不怎么再 check 收据的

【不记账派】

2. 准备收纳工具

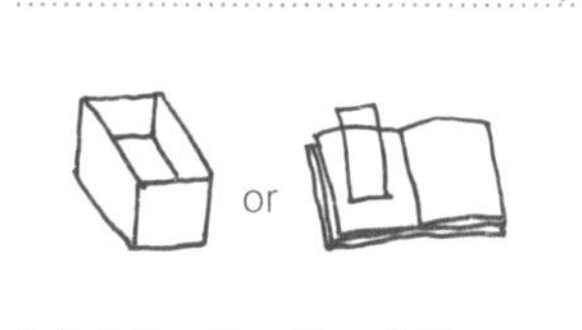

准备收纳工具，放入收据。

3. 放入橱柜中的固定位置

Change!

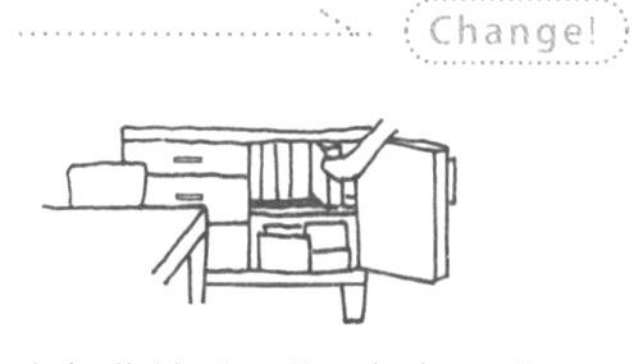

全部收纳后，放入橱柜里（只要确定了固定位置，需要时能立刻取出）。

Q. 本以为收进收纳筐就好了，没想到取用很不方便。

before

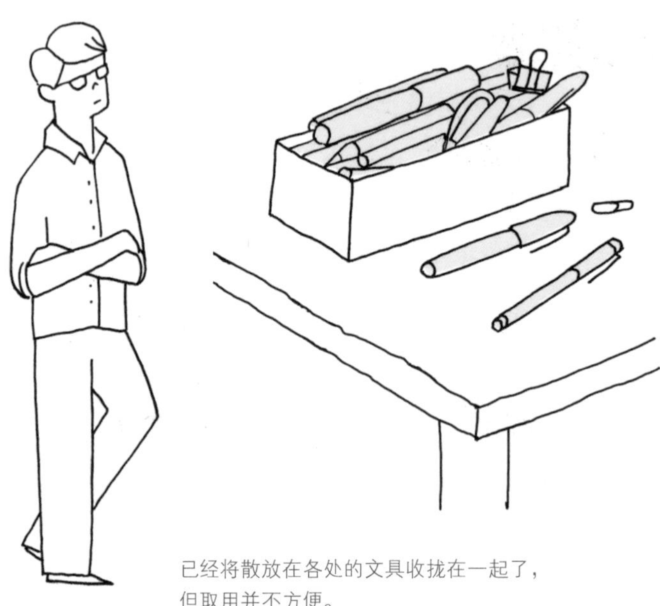

已经将散放在各处的文具收拢在一起了，
但取用并不方便。

用「移动妙招」解决

需要移动的是收纳盒中过多的文具。

1. 减少收纳盒中物品

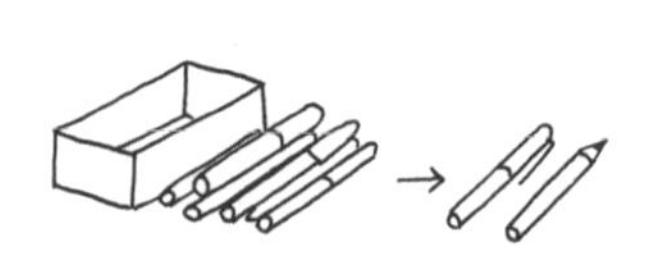

减少收纳盒中文具，每种只放一件。

A. 原因是放太多了。只要减少收纳盒中的文具数量，取用就方便多啦。

像文具这类使用频繁的物品，存放时没有一定富余的空间会导致取用不方便。查看收放在一起的文具，如果因“都是同类放一起吧”而造成收纳盒内太满，就取一些出来吧。

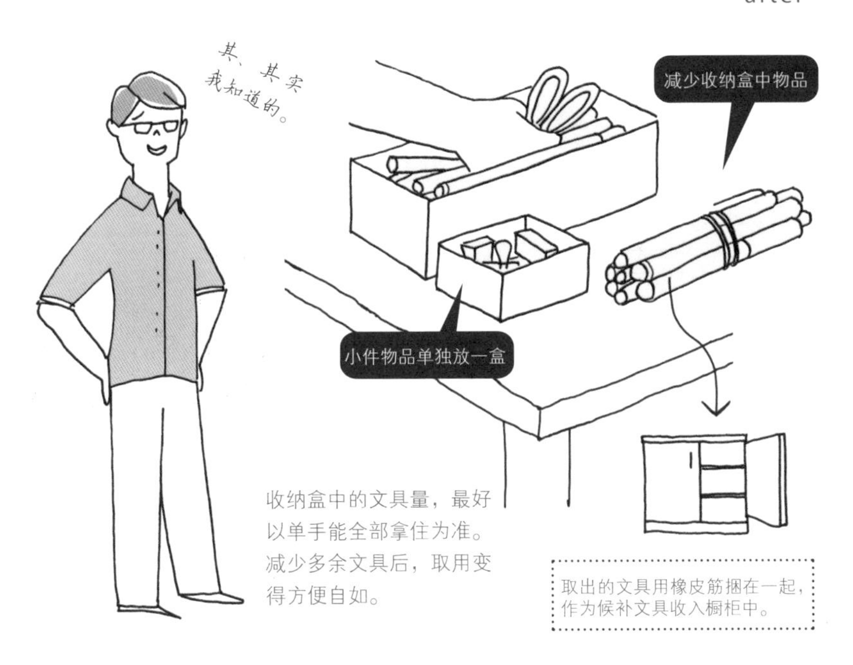

2. 小件物品单独放

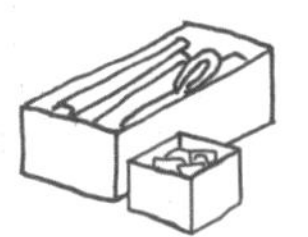

然后分出夹子之类的小件物品单独摆放，让文具取用更顺手。

过多收放 NG 的标准是？

“使用频率高的物品” = 不能大量堆放
“使用频率低的物品” = 堆放 OK
只要记住这样简单的分类标准，针对不同场所和物品也能快速做出判断。

用于餐厅的收纳单品

餐厅里很容易聚集各类物品，为了让餐桌区域看起来更整洁，需要选择不起眼的收纳工具巧妙处理。

P.51

巧用悬挂式收纳筐，暗中扩大收纳空间

挂在桌子边便可开辟出小件物品的收纳空间。这原本是用于厨房橱柜的收纳工具，收纳空间高 10cm，A5 大小的物品可轻松收入筐中。

Pearl Metal 悬挂式收纳筐 HW-7305

P.55

优秀！ Streamtrail 出品的桌边挂钩

据统计，一般女性的通勤用包平均重约 4kg。市场上的普通粘贴式挂钩无法承受这样的重量。然而，这款桌边挂钩可承受 10kg 重量，沉甸甸的包包也能放心往上挂。

Streamtrail 桌边挂钩

P.65 IKEA 的平板电脑架可以隐藏充电

平板电脑架款式众多，这款为竹制，质感极佳。不仅能柔和智能手机和电线类硬派的观感，背后还有宽约 10cm 的空隙，可以完美隐藏接线板和延长电线。

IKEA RIMFORSA 平板电脑架

P.65 无印良品的接线板细节精美

如果接线板使用时暴露在外，请尽可能选择设计感较好的产品。无印这款接线板整体上没有多余沟槽和线条，设计简洁明快，是可以无需隐藏直接使用的款式。

无印良品 接线板 + 延长线

P.67 放收据的风琴包建议用 A5 大小

收据专用的文件夹偏小，收放时需要小心翼翼（不适合粗放省时地收纳），而 A4 尺寸又太大，不便于文件夹本身的收纳。综上，A5 是最理想的尺寸。右图产品外观也十分精美。

LIHIT LAB. 风琴包文件夹 A-7588

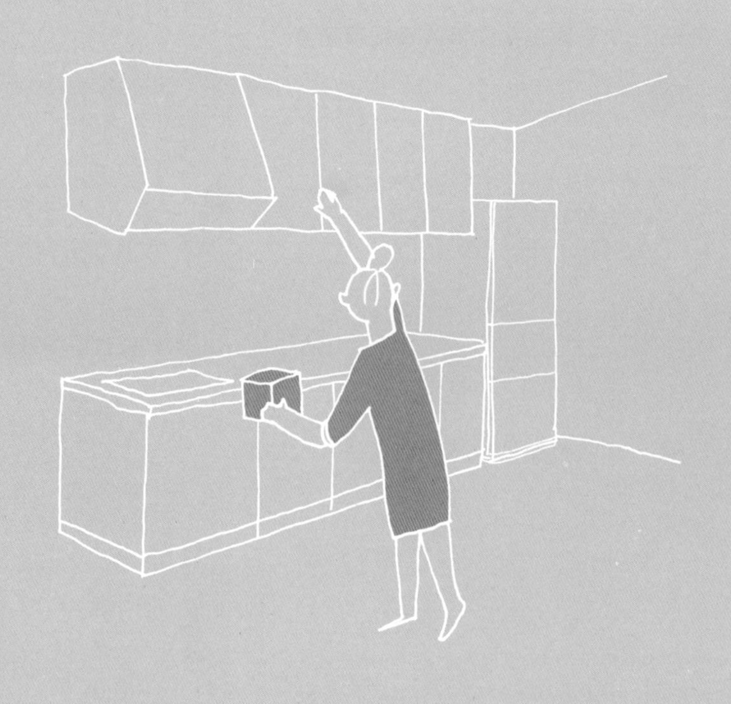

厨房

Kitchen

厨房作为烹饪场所，集合了食品、锅具、餐具、清洁用品等各种物品，极易杂乱不堪。

不费脑筋的
厨房收纳

- 将常用物品放在手边 →用移动妙招将物品放在最佳位置

- 下功夫让物品取用更便捷 →用增设妙招追加收纳场所

- 让厨房的视觉观感更清爽 →用整美妙招打造整洁外观

Q. 整个厨房都乱糟糟的，应该从哪里着手开始整理呢？

before

待丢弃的瓶子和网购的纸箱……不知不觉间堆积了大量杂物。

用「移动妙招」解决

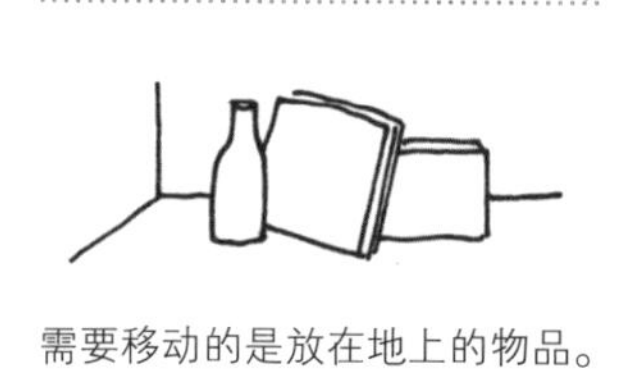

需要移动的是放在地上的物品。

1. 物归原位

将用后没有放回的物品百分百物归原位。

A. 首先消灭“放在地上的”，全面进入收拾模式!

收拾时从大面积的部分着手（厨房则从地面开始），容易获得显著转变，让人更有干劲。从这份“整洁感”出发，收拾作业启动!

地面上空无一物后，整体感觉立刻变得清爽起来。

2. 归拢待丢弃物品

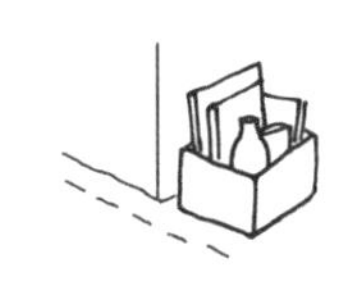

将待丢弃物品收入最小的纸箱中，放到墙边，与家具齐平。

3. 挂起食品

蔬菜和食品不要就地摆放，统一挂起来。

Q. 事到如今实在难以开口，厨房里什么地方应该收放什么东西呢？

收纳厨房中的物品时，可以粗略地分成如下两大类。

▇ 是烹饪类用品。因常用于烹饪时，应收放在能快速取放的水槽、灶台边或是下方。

▇ 是储存类物品。这些物品不会频繁取用，可以收纳在碗柜或微波炉柜内。

A. 了解基本分类就能简单做到！碗柜里放“储存类”，灶台侧放“烹饪类”。

收放在厨房的物品，大致可分为“储存类”和“烹饪类”。两类物品需分别收放。要记住这个基本原则哦！

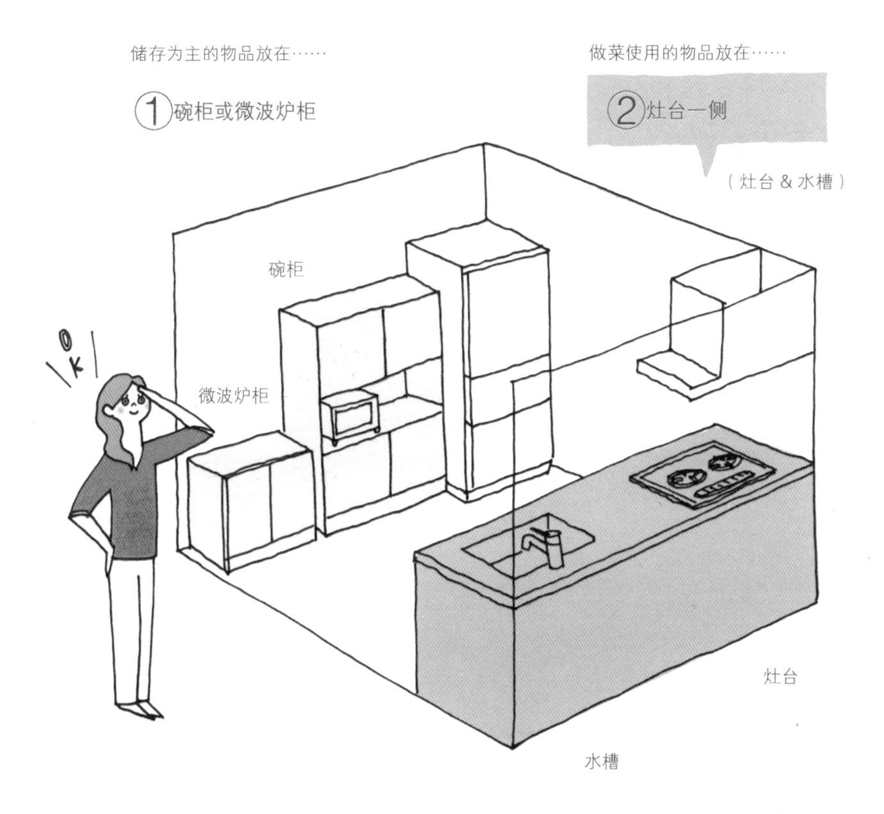

分类摆放较少取用的“储存类”和频繁取用的“烹饪类”，让家务更得心应手。

Q. 做菜时步骤衔接不顺，令人烦躁！到底哪里不对呢？

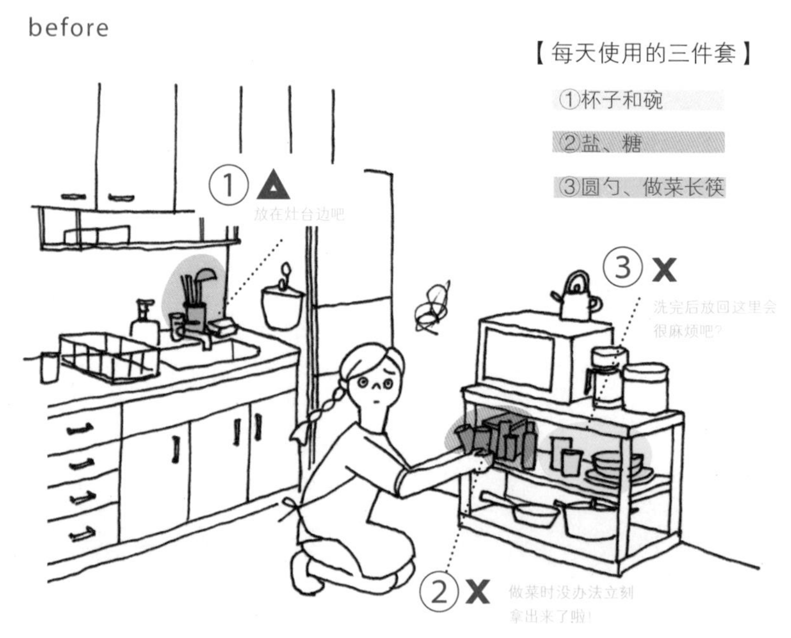

新买了一个架子，将常用的物品都统一放在那里了……

用「移动妙招」解决

需要移动的是日用三件套。

1. 确认三件套

确认现在三件套分别摆放在哪里。

A. 将“基础三件套”放到料理台，会顺手很多哦！

物品摆放在合理的位置后，只需一个小小的动作便能拿到，不用来回走动。将每天使用的“基础三件套”集中到料理台，做菜就顺手多啦。

after

只需将基础三件套集中到料理台上，就能有效缩减在厨房里转来转去找东西的时间。

2. 全部集中到一处

Change!

将三件套集中到料理台上。

一句话补充

有时，自己想当然定下的固定位置在实际做事时并不方便。如果感觉做菜不顺手，步骤衔接不畅，不妨试试将要用的物品集中到做事的地方吧。

Q. 我家碗碟特别多。是不是因为叠放得太重，才不方便取用？

before

一个劲地往上叠，结果取用时超级费劲。有没有办法让取用更轻松呢……

用「移动妙招」解决

需要移动的是碗柜里的碗碟。

1. 取出碗碟

先将全部碗碟从碗柜中取出。

A. 两大绝招，打造容易取放的碗柜状态。

在摆放碗碟时，只要注意“保持单手可取”和“视野良好”就能让取用变得很方便。摆放位置不同，能观察到的碗碟也会变化。运用两大绝招，改变过度叠放问题吧。

after

高于腰的柜子……

【放置时前低后高】

将小盘在前，中、大号器皿在后。前低后高视野良好，取出便利。

低于腰的柜子……

【用大盘垫底】

柜子深处视野不佳，用一个大盘子垫放在下面（不能多个），取用时拖出整叠选取。

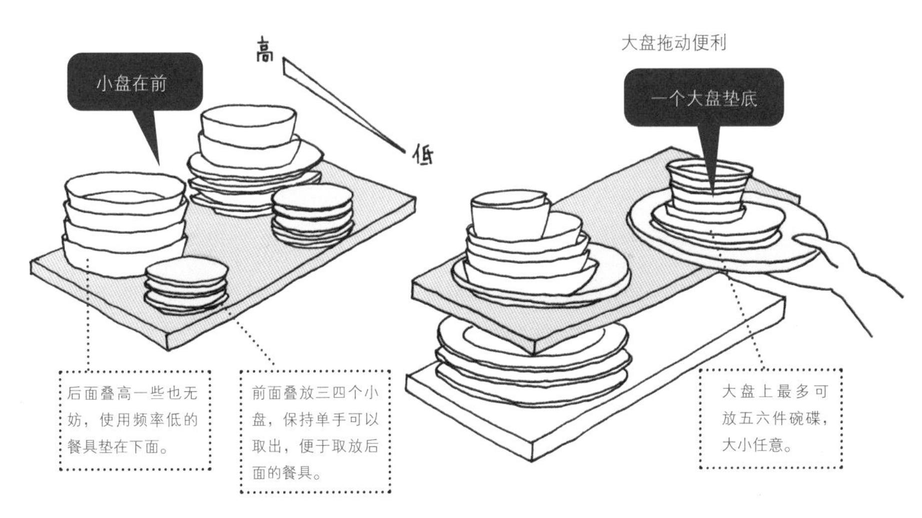

2. 根据高度调整收纳

Change!

根据齐腰高度选择收纳方式。

一句话补充

餐具实在太多时，可以使用木质的立式加层架。这样既美观，又能增加收纳空间。

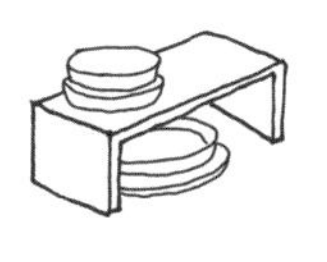

4 物品保留爱好者的日用品减法——我的做法

“收集者透过收集品看到‘另一个自我’。收集品皆如其兄弟姐妹。”

这句话典出民艺运动之父、思想家柳宗悦的著作《蒐集物语》。原文有些艰涩，用浅显的话语来说，即“人们总喜欢收集投射自己的物品”。我虽不至于到收集癖的地步，但对保留物品还是持有肯定态度的，因而对“收集品皆如自己的兄弟姐妹”一语感同身受。自己看中买回的东西，仿佛有看不见的丝线与自己系在一起，有说不出的温柔亲切之感。

我虽喜欢收集购买各种物品，但唯有一个地方，令我下了决心，绝不添置必需品以外的东西，那就是厨房。理由很简单，厨房的东西太多，做菜的空间便会不断压缩。相比拥有一堆喜欢的餐盘，我更希望有一个便于烹饪的良好环境。如果在厨房里活动空间有限、无法快速取放物品，就不能顺畅随心地行动了。相比物品，我优先选择了环境。

其实，很多厨房用品设计精美，让人看了就忍不住想收入囊中。因此对我而言，下定决心不买必需品以外的厨房用品，反倒是个恰到好处的抑制力。

然而，什么都不买会让厨房和餐桌变得寡淡无味。既然在数量上无法增加，那只能精心挑选最佳单品，来提高自己的满足度了。于是乎，我的最佳擦子、我的最佳厨房剪刀等等……每一件厨房用品都挑选个人最佳单品，我家的厨具阵容就这样慢慢地充实起来。

我先生对我的这份执着表示震惊和不解。而我则不以为然，与这些数量不多却稳步壮大队伍的“自己的兄弟姐妹们”一起，快乐烹饪每一天。

Q. 料理台上全是东西，想收拾得干净利落，便于取用。

before

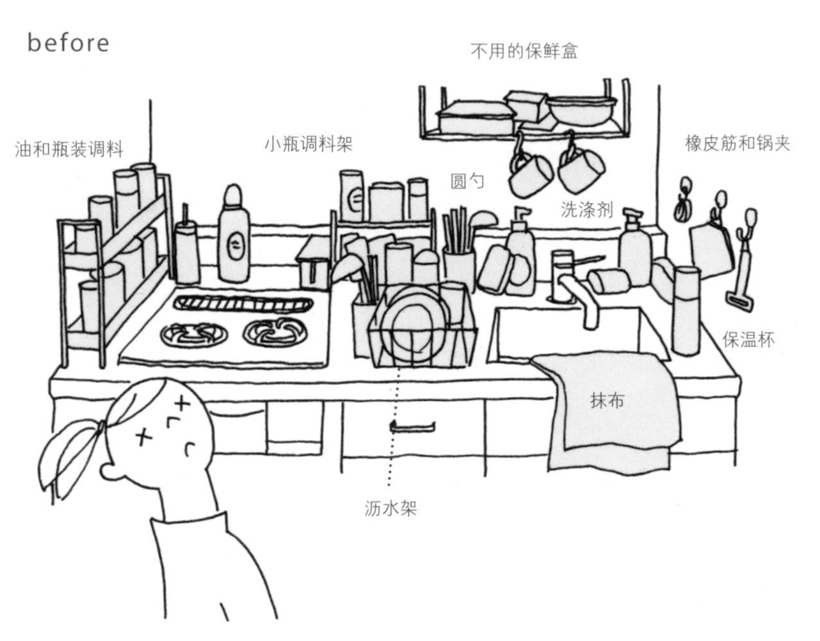

看似方便，其实东西全部摆出来后，物品会占据操作的空间。

需要移动的是料理台上的物品。

1. 撤走不用的物品

并非每天使用的东西收入橱柜中（比方保鲜盒、开瓶器、保温杯等）。

A. 从“全部摆出”转变为“基本隐藏”，做菜也会变得更顺手哦！

料理台上只摆出每天都会使用的最低限度的必需品。灶台狭小，减少摆出的物品后，可供操作使用的面积增加，做菜更方便了。

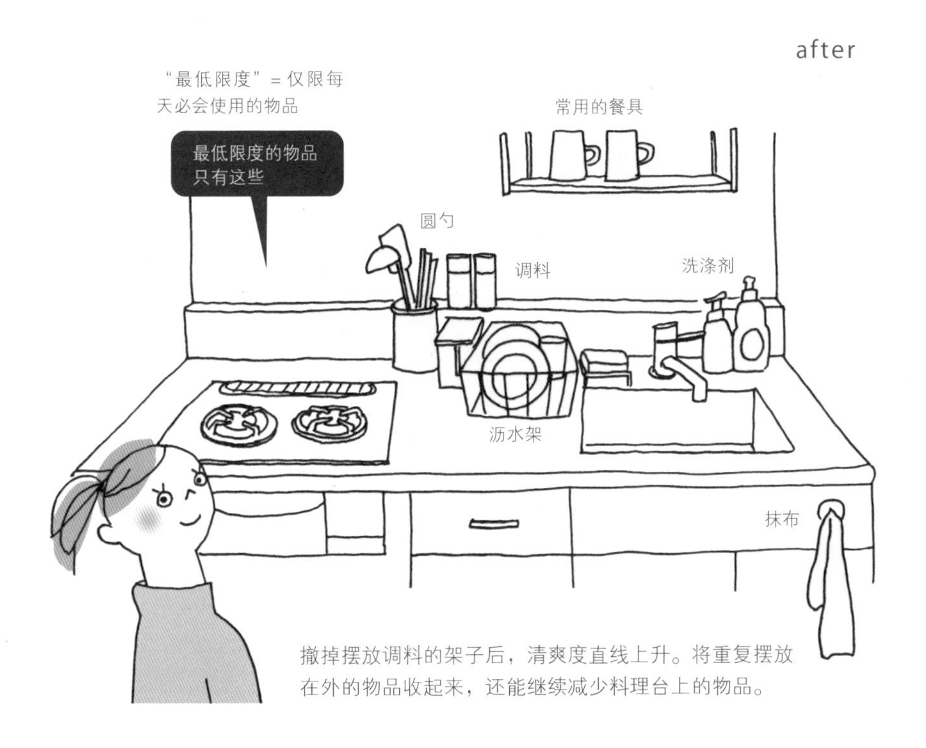

撤掉摆放调料的架子后，清爽度直线上升。将重复摆放在外的物品收起来，还能继续减少料理台上的物品。

2. 精心挑选调味品

只留下盐、糖和酱油。其他小件的放入抽屉，大件的放入橱柜。

3. 精心挑选用具

Change!

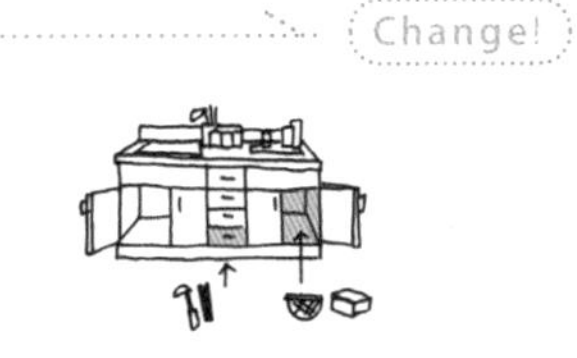

重复的用具收放到橱柜中。

Q. 水槽和灶台下面东西随便塞，留下好多可利用空隙。

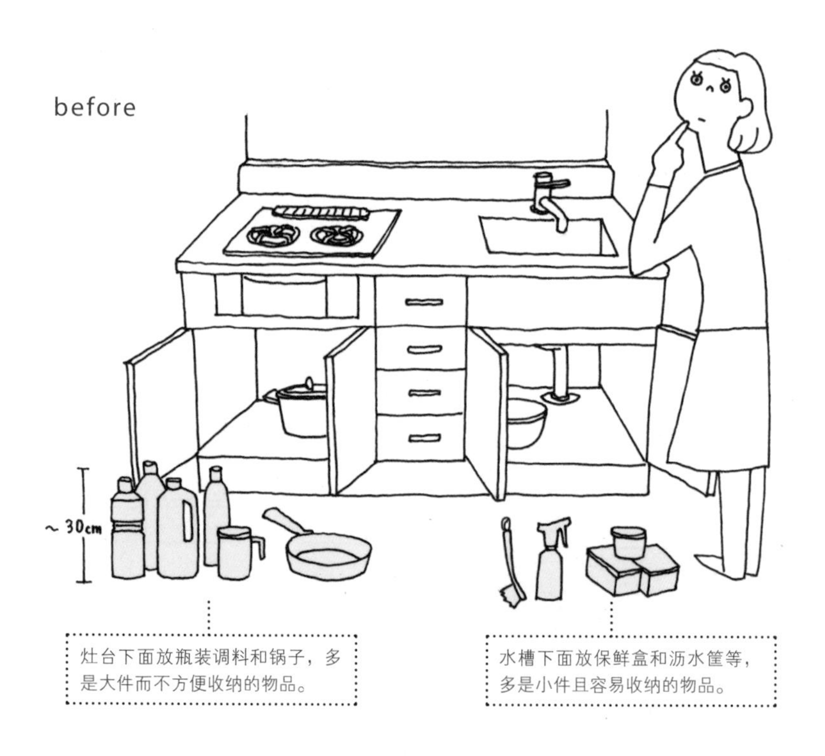

灶台下面放瓶装调料和锅子，多是大件而不方便收纳的物品。

水槽下面放保鲜盒和沥水筐等，多是小件且容易收纳的物品。

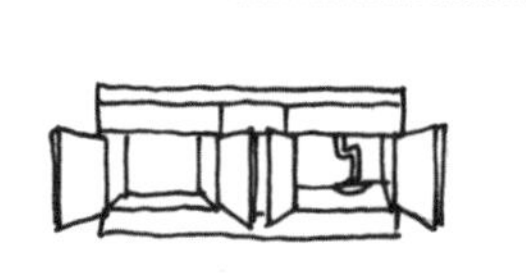

需要增设的是水槽和灶台下的收纳空间。

1. 增加架子

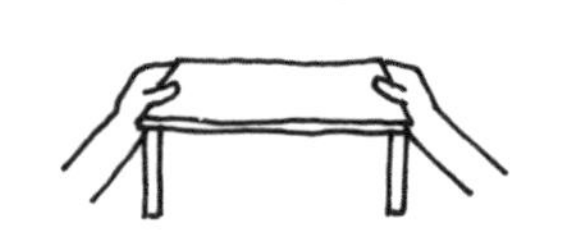

在水槽和灶台下放入立式加层架。

A. 首先要做的是放入立式加层架，让收纳空间翻倍。

在水槽和灶台下放入立式加层架，可以增加收纳空间。灶台下面大件物品较多，比较麻烦。不过只要事先量好尺寸就不会买错。

after

放入立式加层架
扩充收纳空间

大瓶调味品
直接放入

选购的加层架高度适中，上面能放下最大的锅子。

放入加层架时注意避开排水管。

2.
移动物品

Change!

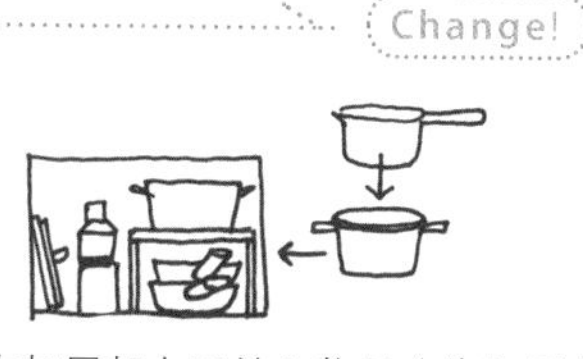

在加层架上下放入物品（为取用方便，所以叠放最多两件）。

这里需要
量一量

在购买立式加层架前，要记得测量灶台下A和锅的尺寸B哦。

A−B= 加层架的高度

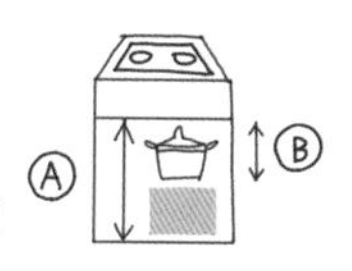

Q. 够不着啊，水槽上的吊柜该怎么利用好呢？

before

够不着，取用真不方便

用「收纳妙招」解决

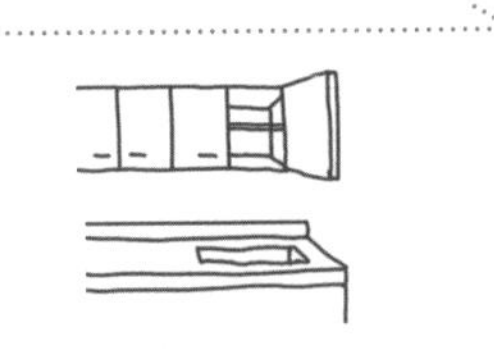

需要收纳的是吊柜里的物品。

1. 放入把手收纳盒

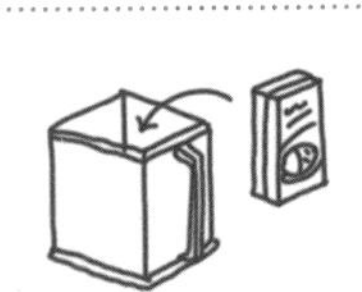

将食品等物放入把手收纳盒。

A. 用吊柜专用把手收纳盒填充空隙，吊柜瞬间变身为小仓库。

吊柜取放物品不方便，最有效的办法是使用带大把手的吊柜专用收纳盒。柜子深处的物品取放便利了，吊柜的利用率也提高了。

after

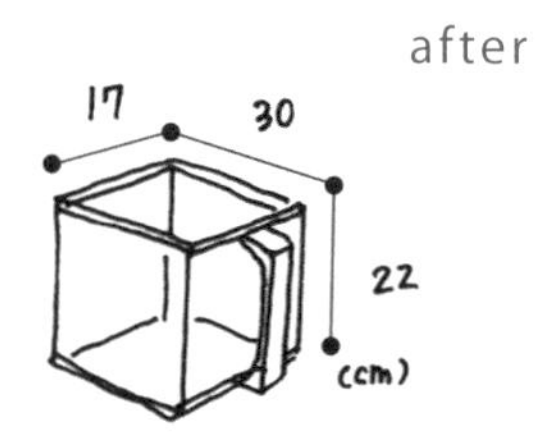

市面上销售的吊柜专用收纳盒

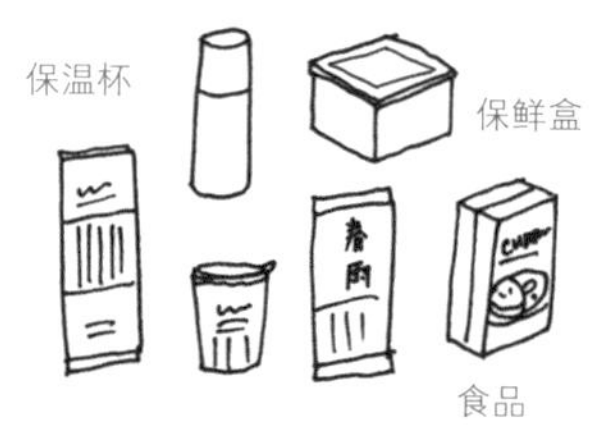

放入 3 到 4 个收纳盒后，收纳能力大幅提升。将别处放不下的食品、无处可放的餐具和保鲜盒等收进柜中，整个厨房都变得整洁起来。

2. 移动物品

Change!

放入收纳盒，有效利用空间。

吊柜的上层怎么利用?

下层可以使用吊柜专用把手收纳盒，但上层即使用了收纳盒也很难取东西。吊柜的上层建议存放平时不怎么用的正月装饰、圣诞节相关用品等物。

Q. 滤网筛和抹布这类沾水的物品要如何收纳呢?

A. 固定位置设在水槽附近，添置一个承接器皿，让收纳更美观。

悬挂晾干沾水物品的地方就是它们的固定位置。如果觉得不美观，可以添置一些承接小道具，消除杂乱感。

after

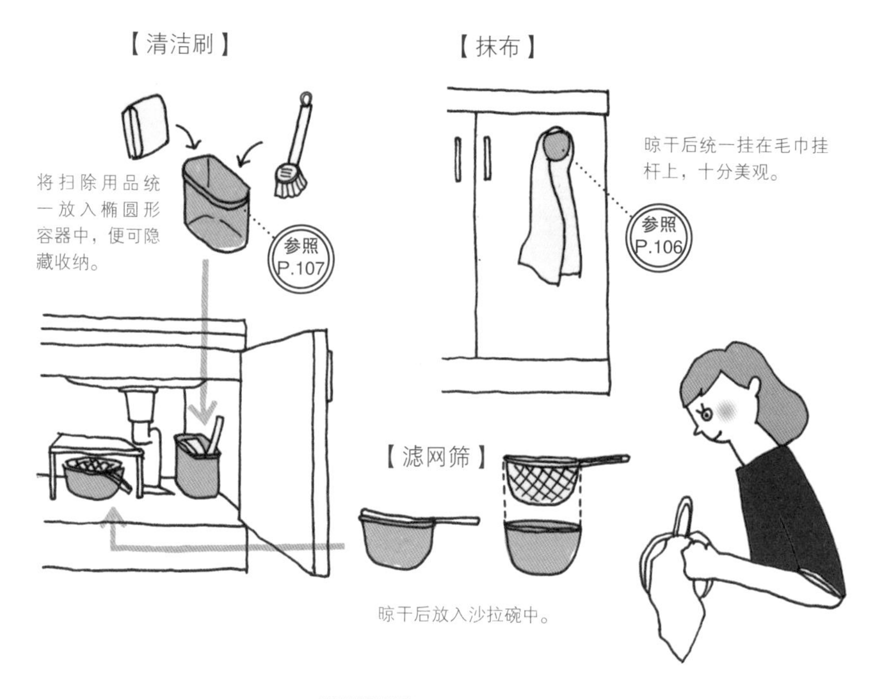

2. 确定收放地点

Change!

为了提高隐蔽性，建议放在视线以下（如果不想示人，可以放入带门的橱柜中）。

承接器皿的注意点

市面上销售的扫除工具收纳和挂钩一般尺寸比较大，如果收纳场所狭窄，不妨在手头的物品中寻找代替品。

Q. 有没有让放在水槽周围的物品更整洁的好办法呢？

before

使用后，物品的朝向各不相同，总是这样凌乱不堪。

用「整美妙招」解决

需要调整的是放在料理台上的东西。

1. 测量尺寸

将放在外面的物品排成一排，测量尺寸（全部放上需要多长？另外还需量一下宽度）。

A. 长条的蜡烛托盘意外地能帮上忙哦！固定摆放范围看起来就干净啦！

只需垫一个长方形的托盘，各种物品随意摆放看起来依旧整洁。托盘固定了摆放范围，多余的物品无处可放，有效防止散乱。

after

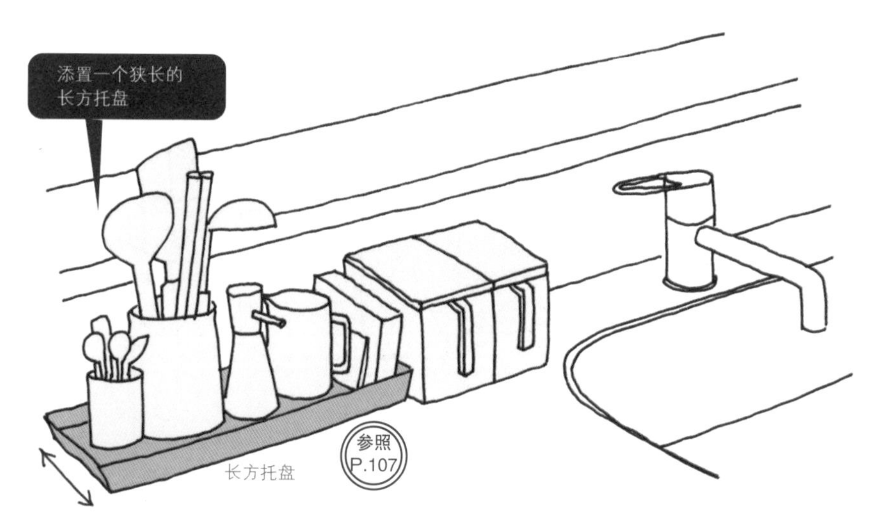

参照P.107

长方托盘与相框一样，能将杂物归拢，形成一个整体。与方形调料罐并排摆放非常和谐，给人以井然有序之感。

2. 将物品放到托盘上

Change!

将水槽周围的物品放到长方托盘上。

长方托盘的挑选方法

长方托盘的宽边应在 10cm 左右，这样放在水槽周围不会碍事。如果觉得一般的塑料盘不美观，想打造高级感，不妨选择陶瓷制品。

Q. 大米要怎么贮藏好呢？

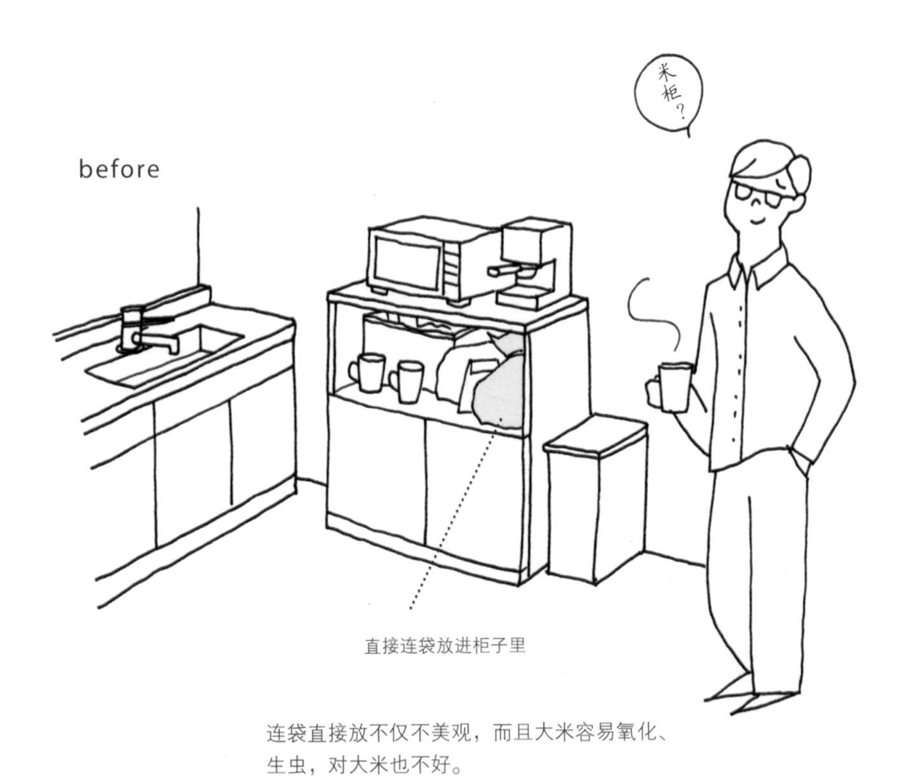

连袋直接放不仅不美观，而且大米容易氧化、生虫，对大米也不好。

用「整美妙招」解决

需要调整的是大米的贮藏容器。

1. 确认收纳场所

存放时放在外面还是收在柜中？

A. 使用便利 & 外形美观的米柜会提升品位哦。

大米的收放位置决定了选择贮藏容器的要点。收放入橱柜中则按照“形状”挑选。放在外面则根据“材质”挑选。

after

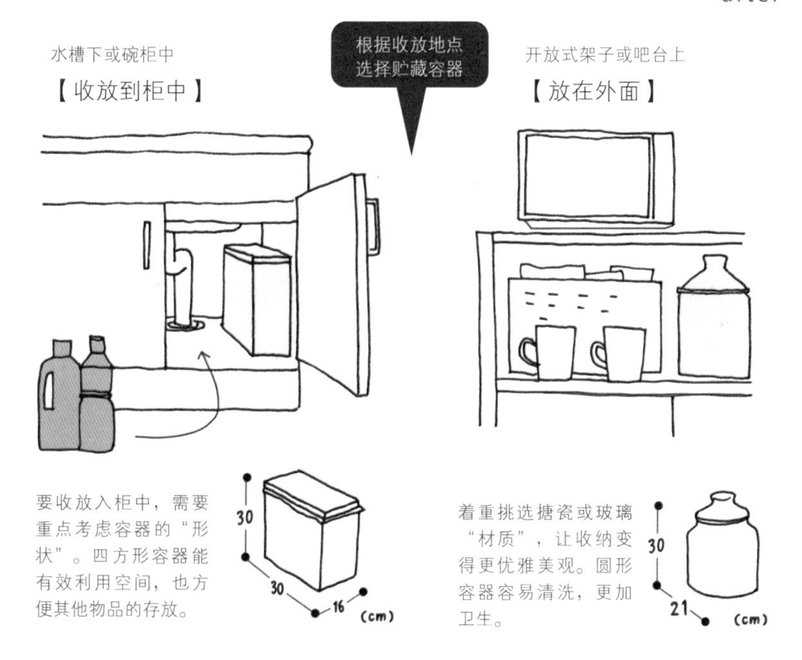

要收放入柜中，需要重点考虑容器的“形状”。四方形容器能有效利用空间，也方便其他物品的存放。

30 30 16 (cm)

着重挑选搪瓷或玻璃“材质”，让收纳变得更优雅美观。圆形容器容易清洗，更加卫生。

30 21 (cm)

2. 选择容器

Change!

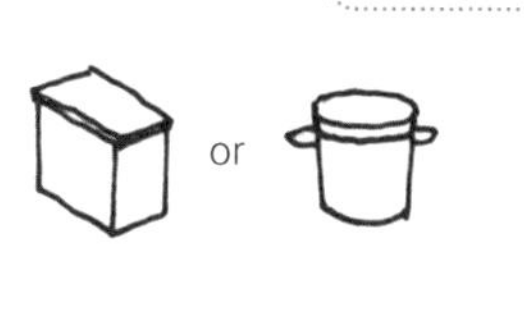

放在外面挑“材质”，收在里面选“形状”。

一句话补充

大米很重，收放位置不应高于腰线。如果放在地上，可以选带滚轮的米柜，会更加轻松。

5　整理之后等待我们的 2016

8 年前，我在自己的著书《尝试更多改变》中这样写道："整理之后，我们能够获得'享受家居的从容'。"

正如整理照片会增加我们回忆往昔的时间，当我们不再忙于收拾，便能有更多时间用在自己的兴趣爱好上。真正的生活，从结束收拾开始。在过去的著书中，我向大家传达了这一信息。

对于室内整合士的我来说，收纳并不是终点，而是一切的开始。

只有顺利完成收纳，才能更好地设计家居。只有不为收纳所烦恼，居住在其中的主人才能享受悠闲时光。一旦苦于收纳止步不前，我们就无法收获上述乐趣了。为了帮助大家尽快解决收纳问题，我至今为止撰写了好几本与收纳相关的书。

当我们询问那些"不收拾房间"的年轻女性，常会听到她们抱怨"家里乱糟糟的，根本没时间布置家居"、"时尚漂亮的房间真是遥不可及"。确实，眼前的问题紧迫，需要最优先处理。可我也希望各位能够想到，如果按照本书介绍的方法顺利完成了收拾整理，那么等待大家的将会是愉快的享受时间和家居布置的世界。

本书中介绍的四大妙招里，有一项调整外观的"整美妙招"。如果单纯为了收拾，这一项也许并不必要。但我希望让大家了解，其实装饰

[COLUMN]

布置和调整外观与收纳整理是密切相关的,所以特意加入了这部分内容。用相框遮挡视觉效果杂乱的物品，将装饰品与日用品分开摆放。请不妨体验一下，只需在收拾后稍稍花一点心思，整个房间就会大不相同。

在家居布置的世界里，我们会打造与众不同的氛围，或是将自己的喜好遍布整个居室。这其中的乐趣与收纳又有不同。布置家居的规划规模更大，也更令人兴奋期待。在收拾、整理之后，还有这样的世界在等待着我们呢！

Q. 随手放得太多，微波炉周围的东西不能第一时间找到。

before

餐具、食品、储存容器、杂物……不管三七二十一，随手放在顺眼的地方。

A. 根据烹饪前、中、后的使用进行分类，整理物品。

放在微波炉周围的食物和杂物，根据“烹饪前、烹饪中、烹饪后”大致分成三类。只要分别放在附近，自然就整齐了。

after

用“移动妙招”解决！

【分别集中起来放在附近】  【分成 3 类】

移动碗碟是大工程，保持现状即可。

每天使用的家电摆在方便操作的位置。

烹饪前

米、罐头

烹饪中

手持搅拌机、粉碎机、榨汁机

烹饪后

餐具、保鲜盒、扫除用具、保温杯、便当用小物、午餐垫等

为了在烹饪中快速取用，“中”相关物品要放在容易取放的位置。

除了餐具，其他烹饪“后”类物品多为琐碎小物，放在容易取放的位置。

“前”类物品多为重物，在下方收纳，可集中摆放在米柜附近。

Q. 明明确立了固定位置，可杂乱感并未得到消除。

before

已经确定了方便使用的固定位置，可依旧看起来乱糟糟的。

用「整美妙招」解决

需要调整的是摆放在碗柜上的物品。

1. 寻找原因

寻找视觉观感比较杂乱的物品（看不出来可以拍成照片观察）。

A. 一定要试试看！只需减少视野里的“信息”，看起来就整洁了！

收拾完后还是觉得乱糟糟的，这时需要减少的是“颜色、文字”。夺目的色彩和包装上的文字这种“可见信息”较多，会给人一种视觉上的杂乱感。

①玻璃等透明材质的容器内部一目了然，替换为不透明材质就清爽多了。
②文字、色彩比较鲜艳的包装只需藏在后面，惹眼度便会大大下降。
③纸类和书籍视觉观感杂乱，整合后可以消除杂乱感。

2. 隐藏、移动物品

通过更换容器或调整位置，让信息不再显眼。

整理好助手

尝试用手机拍个照吧。百闻不如一见，什么是外观具有杂乱感的东西，一试就知道了！

Q. 用布遮盖杂乱感，这具体要怎么操作呢？

before

家电太显眼了，要不要盖块布遮起来呢……

A. 最好选择长度合适、黑白灰底色而稍微带一些纹样的布料。

用布遮盖家电时，相比那些纹样甜美的布料，内敛稳重的款式更为相称。布料不要太长，颜色选黑白灰系，有助于提高整洁感。

配合白色的墙壁，选择白底带灰色花纹的布料。

色彩斑斓的布料或是有大块花纹的布料很难融入整体居室，选择黑白灰系素色布料就简单多了。为了不显得太过朴素，可以挑选一些稍带纹样的布料，便能将家电有品位地遮盖起来了。

如果摆放在外
【盖布型】

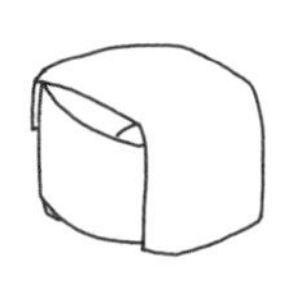

根据家电的宽度叠好布料，直接盖在上面。

如果摆放在橱柜中
【布帘型】

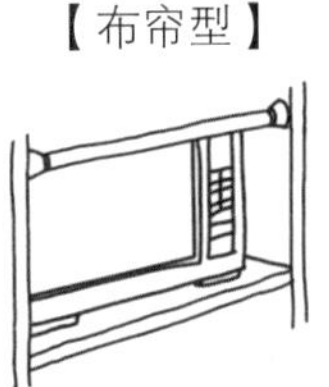

架一根横杆，选用①或②的办法布置上布帘。

Q. L 型厨房的死角无法利用好可惜。

before

放了煮意面用的大炖锅，但里面还有很大的空间，有没有办法充分利用起来呢？

用「移动妙招」解决

需要移动过来的是防灾物品。

1. 整理转角柜

将目前柜中的物品归拢到一侧。

A. 这里空间很充足，不妨将防灾物品统一摆放在里面。

L 型厨房的转角柜手伸不进去，不知该放什么好。我建议这里不摆放厨房用品，而是放入平时不怎么使用的防灾用品。

Change!

2. 放入防灾用品

柜子靠里放大件物品（水），靠柜口处放小件物品（应急食品）。

这样更轻松

L 型厨房的转角柜虽然空间很大，但柜口狭小。为了在发生紧急情况时能迅速拿出物品，不要摆放大桶装饮水，请选择 2L 装的大瓶饮水。

用于厨房的收纳单品

摆在外面的常用物品在挑选时应注重设计层面，可以为厨房增色不少。而收纳入橱柜的物品在挑选时则要侧重于功能层面。

使用把手收纳盒，充分利用吊柜空间

结实的把手是“吊柜用收纳盒”的最大特征。本品堪称能将难以够到的吊柜变得触手可及的救世主级收纳工具，不论去到哪个家居中心都能找到（宽 17cm × 长 31.5cm × 高 22cm）。

EBISU 吊柜用把手收纳盒 HS-370

吸盘挂钩推荐极富设计感的 PROPPER 挂钩

设计精良的吸盘型挂钩十分少见。这款荷兰产的 PROPPER 挂钩吸附力强劲，外形也十分美观。挂钩部位较大（Φ4cm），能让抹布充分散开。

PROPPER 挂钩 791478 GRAY

放刷子正合适，十元店的面粉保鲜盒

椭圆形容器便于内部清理。这原本是装面粉用的保鲜盒。我拿掉盖子用来放清洁刷。这个大小不仅可以放入水槽下方，摆在其他空隙也很合适。

seria 面粉保鲜盒

IKEA 的蜡烛长方托盘，让水槽边清爽起来

放在水槽边盛放物品的长方托盘。长 43cm，在店里看觉得有些大。但因宽只有 11cm，买回家摆出来一看，合适极了。除了蜡烛托盘，盥洗台用的托盘（陶瓷制品）也是不错的选择。

IKEA 蜡烛托盘 IDEAL

UMBRA 的横杆，帅气好用

这款 UMBRA 的拉伸杆彻底颠覆了“横杆 = 土气”的既有认知。遗憾的是没有小尺寸产品，只适用于宽度 61cm 以上的开放式橱柜。

UMBRA 拉伸杆

衣柜 壁橱、储物柜

Closet

衣柜的物品种类不多，但数量很大，常令人烦恼不已。

不费脑筋的
衣柜收纳

- 不让物品混在一起 →用移动妙招将同类物品整合到一起
- 确立小件物品的固定位置 →用增设妙招追加收纳场所
- 想办法尽可能全部收纳 →用收纳妙招全部收入囊中
- 提高壁橱、储物柜的利用率 →用收纳妙招巧妙利用空间

Q. 打开衣柜门，里面乱作一团，该怎么办好呢？

before

衣柜里物品混在一起，经常出现东西不知去向，四处寻找的情况。

用「移动妙招」解决

需要移动过来的是挂着的衣服和衣物箱。

1. 移动挂着的衣物

将衣服按照长度“长→短”的顺序排列整理。

A. 调整挂着的衣服，空出下部空间摆放衣物箱。

将衣服按照从长到短的顺序重新挂好后，下部的空间变大，可以有效利用。不仅衣物箱可以轻松放入，什么衣服放在哪里也一目了然。

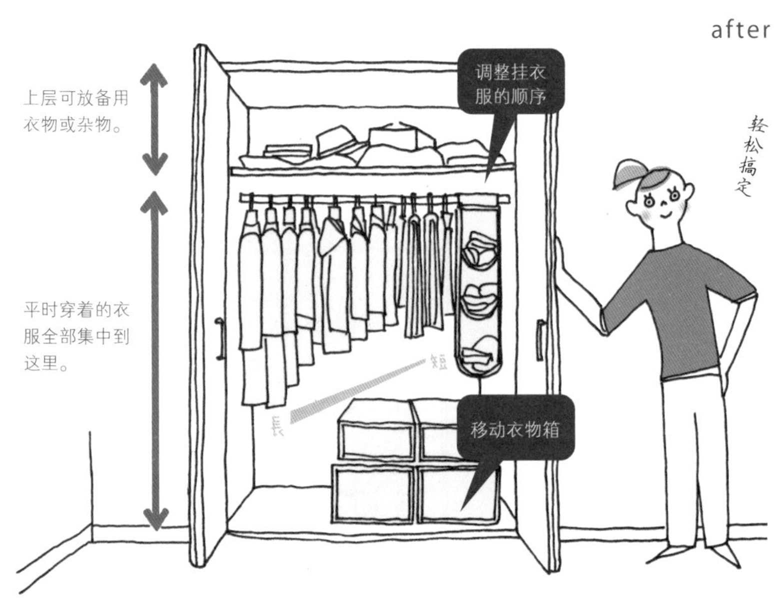

借此机会整理下面的空间，在这里只放置平时穿着的衣服。
衣柜内的区域划分明确后，就不需要再没头没脑地到处翻找了。

2. 移动衣物箱

Change!

将衣物箱全部集中到较短衣服的下方。

双重效果

在重新排列挂着的衣物时，可以顺便伸手到衣物之间，将它们拉直挂正。衣服挂正了就不会额外占用空间了。

Q. 放不下的衣服应该扔掉吗?

before

想把余下的衣物也一并收纳，却放不下了。想扔了，又不舍得……哎，走进收纳死胡同了。

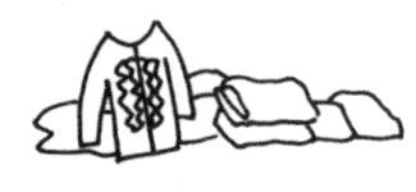

最好是运动衫、针织衫、牛仔类等不怕皱的衣服

需要收纳的是现在不穿的衣服。

1. 寻找不穿的衣物

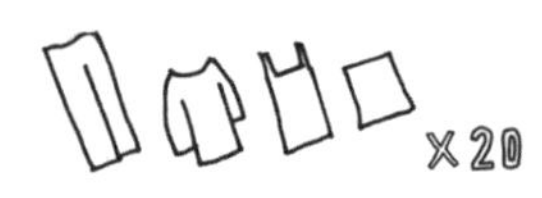

找出20件左右不穿的衣服（数量可根据压缩袋的大小变动）。

A. 压缩存放，不用扔掉就能解决问题。现在穿的衣服取用也更方便了。

衣服多到放不下时，可以考虑压缩存放，就像压缩被褥那样。压缩后，体积缩减到原来的 1/3，还不占空间。

after

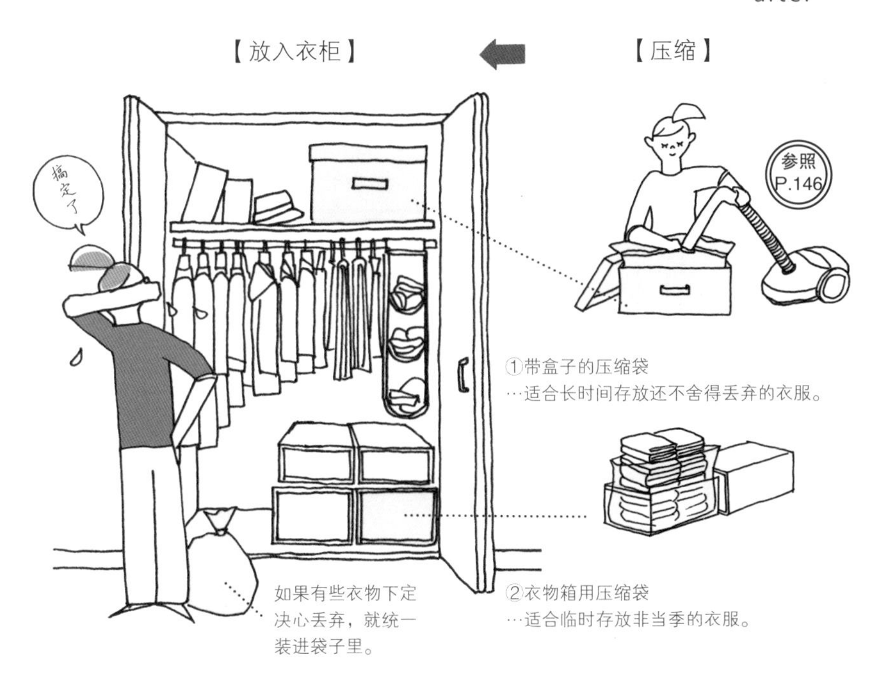

2. 压缩衣物

Change!

使用上述①或②压缩袋，压缩衣物放入衣柜中。

这样更轻松

衣柜总是理不清楚，其中的重要原因是衣服太多。将不穿的衣物压缩存放后，可视范围内的空间只放置当前穿着的衣服。

Q. 冬天到了。哎？去年买的裤袜怎么找不到了？

before

气温骤降。春天时洗净放好的裤袜哪儿去了？

用「增设妙招」解决

需要增设的是季节限定小物的固定位置。

1. 准备收纳盒

将衣物分类，分别放入各个盒中（建议选带盖子的收纳盒，便于叠放）。

A. 季节限定的小物分盒存放管理，就能立刻找出来。

裤袜这类季节限定的小物很容易塞得下落不明，建议分几个收纳盒归拢管理。在衣柜上层设置小物区，到了对应季节整盒取下即可。

季节限定小物不使用的时间段比较长，采用季节轮换的方式可以更有效地利用空间。

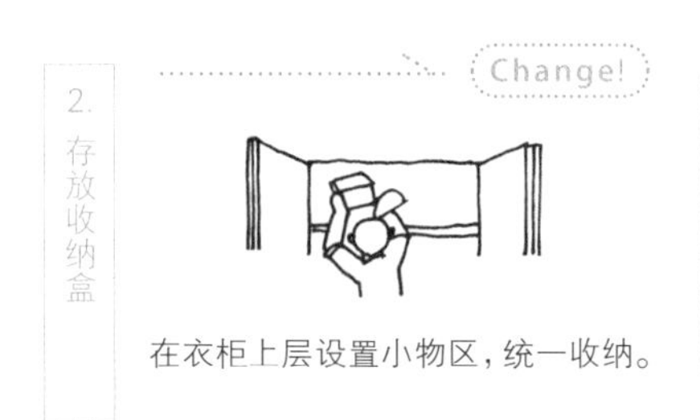

在衣柜上层设置小物区，统一收纳。

这样更便利

除了季节限定小物，红白事相关物品（念珠和礼服首饰）、旅游用品（洗漱包类）这类使用频率较低的物品，也适用于这种收纳方法。

Q. 包包乱糟糟地散放在各处，该怎么收纳好呢？

before

因为不断增加的包袋，
房间里乱七八糟的。

用「增设妙招」解决

需要增设的是包袋的固定位置。

1. 腾出收纳空间

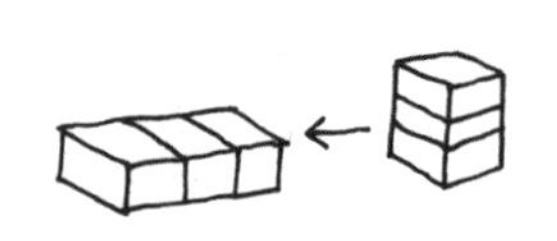

改变衣柜内衣物箱的摆放，使上面有空间叠放收纳箱。

A. 用无盖收纳箱大量收纳。衣物箱上面是包袋的固定位置。

包袋比较多时，首先以全部放入衣柜为目标。只要能将包全部放入无盖的收纳箱，房间里就不会再杂乱不堪了。

不要过高叠放，给上部留出空间放包袋收纳盒。

将包叠小后竖着插入收纳盒，放在衣物箱上面。

一句话补充

较硬的皮包不容易放入收纳盒中，建议放在衣柜上层。

Q. 总觉得悬挂式收纳袋没有用对，到底怎样才是正确的使用方法呢？

before

塞得收纳袋都变形了，取用时非常不方便。

用「移动妙招」解决

需要移动的是悬挂式收纳袋里的物品。

1. 将物品全部取出

为了减量，先将其中物品全部取出。

A. 收纳袋变形可不行！仅放少量常用物品，使用起来就方便了。

悬挂式收纳袋的好处是取放叠好的衣服时不用弯腰。可如果衣物放得太多，塞到收纳袋变形，会不方便取出。建议在里面放适量常用物品。

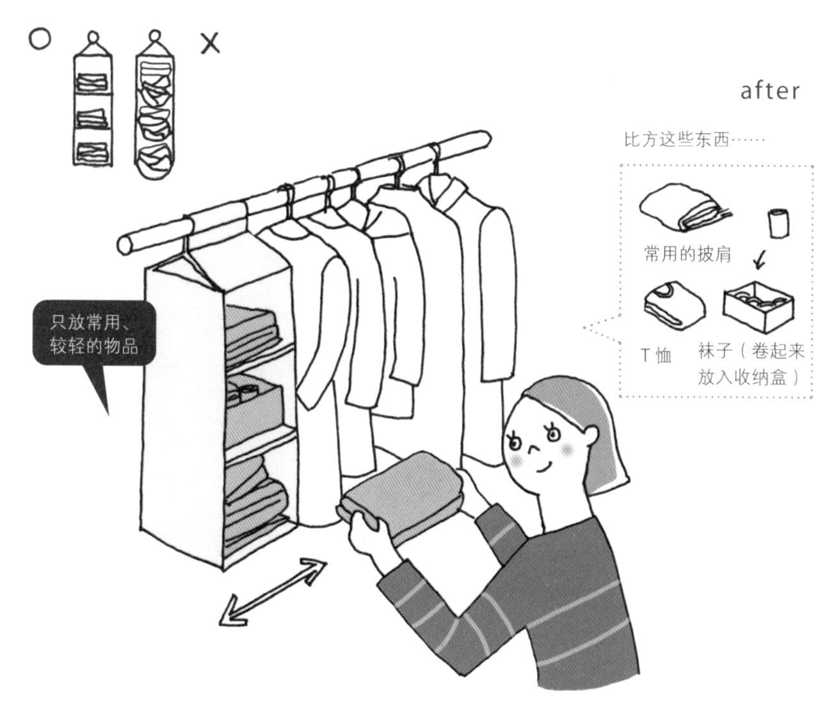

放入物品的量以收纳袋不变形为宜。可以放一些使用频繁的物品。

放入使用频繁且较轻的物品。

一句话补充

很多便捷的收纳工具因为只放少量物品，所以才取用方便（= 放入过多东西就不方便了）。在购买前不妨询问一下“是不是只能放少量物品”。

Q. 希望做到自己的衣服自己管。白衬衫和裤子，这类先生的衣物要怎么收纳？

before

交给他时明明满口答应的，搞什么嘛！

用「移动妙招」解决

需要移动的是他的衣服和小物。

1. 将衣物挂起来

上下身的衣物均采用悬挂收纳

A. 改成不费事的悬挂收纳会有所改善。

很多男性不擅长收放叠好的衣物。要让先生自主管理自己的衣物，建议采取悬挂收纳或直接放入的形式，让他们能快拿快放。

点滴改善不断积累，让不善收纳的先生能更轻松地完成收纳。

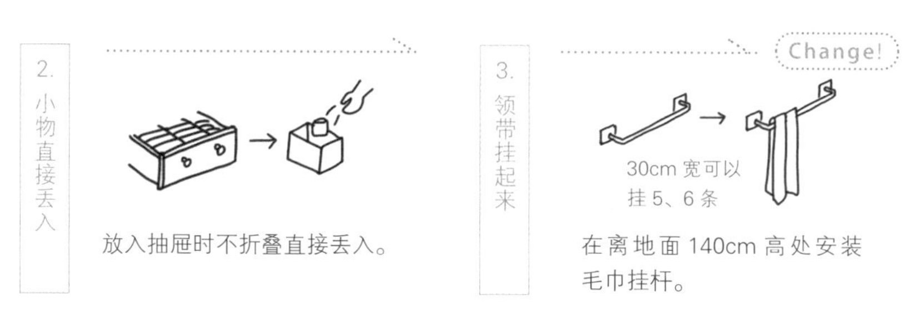

6　星期天的“脑内 before & after”

来与大家聊一聊“好好的周日下午胡思乱想什么呢”的故事。

网上热门的猫咪视频，有时会把没有收拾整理的主人家全拍进去。要是一不留神看到这样的房间，我总会忍不住想“地板上散放着好多东西，这些要全部收拾完得花 2 小时吧”“虽说房间不大，可塞得这么满满当当，恐怕耗上 1 天还不够”。人家根本没委托我收拾，我却忍不住在脑中估算大约需要的收拾时间，按照什么步骤进行好，一个人搞起“脑内 before & after”，仰天长叹：“哎呀呀，真想帮主人收拾啊！”

收纳出问题的房间总会像缺氧似的缺乏空间。在这种状况下，如果从小件文具开始整理，很难收获成效，必须从更大的地方着眼。即房间中空余的地板、可以使用的空余空间还有多少。

如果连地板上也放满了东西，就失去了周转空间，情况比较严重。要收拾这样的房间相当耗费时间。如果地板上还盈余了不少空地，便能将物品搬到地板上整理分类。收拾时间往往会比预估的更短。

虽说都是我一厢情愿的“脑内 before & after”，不过看完这么多房间，能让我深深陷入沉思，感叹“这可是大工程了……”的房间其实是少数派。大概只占全部房间的一成左右吧。大多数的房间都是“利用这块空地的话，应该半天就能收拾完”的程度。既然这样，只要有好的解决方法，“不会收拾”的人应该会大幅减少才对。到底该怎么做才好呢……嘀嘀咕咕……

我看着猫咪视频，一个人思前想后。真是的，好好的周日下午，胡思乱想什么呢。

Q. 有没有什么“必杀！放入2倍衣物”的叠衣绝招呢？

before

【× 叠好的衣服大小各异】

叠好的衣服尺寸不一，空间利用率差，无法大量放入。

用「收纳妙招」解决

需要收纳的是T恤等折叠好的衣服。

按照尺寸折叠

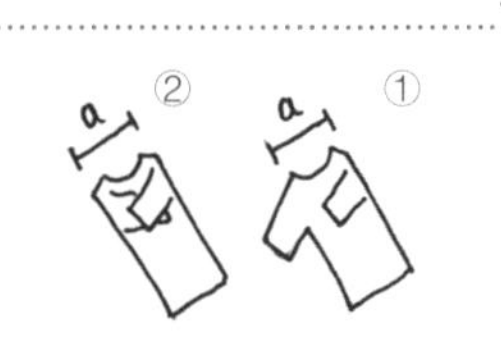

以尺寸“a”为标准折叠两袖。

A. 折叠成统一大小后可以扩大收纳量。

叠好的衣服只需改变折叠方法，就能放入现在衣物数量的 1.5 倍。折叠时将衣服统一叠成一样大小，竖着插放收纳。

请先别说“讨厌叠衣服”。要点只有一个，那就是记住宽度“a”。

after

【○ 叠好的衣服大小统一】

帽衫和 T 恤叠成统一尺寸，放入时空间利用效率好，能放得更多。且竖着插入摆放，取用时也很方便。

Change!

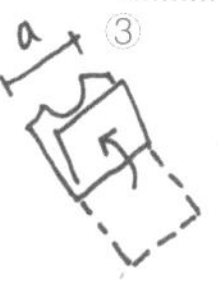

上下对折。

再叠到 1/3 长。

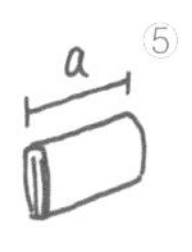

完成！

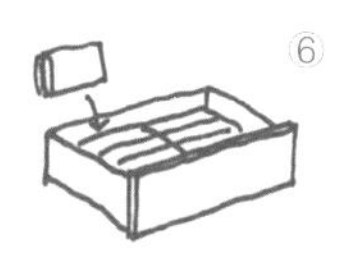

其他衣服也叠成同样大小，竖着插入收纳。

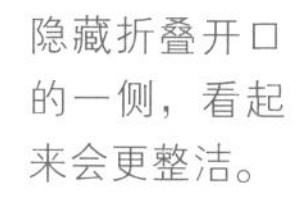

隐藏折叠开口的一侧，看起来会更整洁。

Q. 衣柜底部的抽屉放什么比较方便?

before

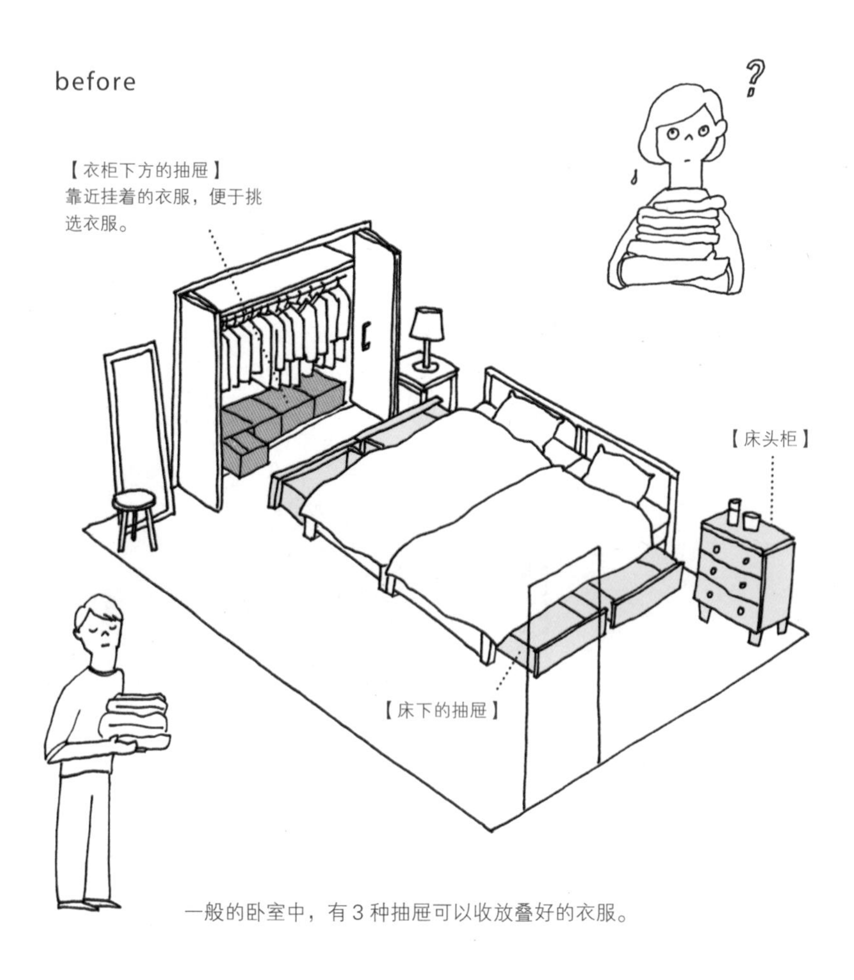

一般的卧室中，有 3 种抽屉可以收放叠好的衣服。

A. 在叠好的衣服中，当季常穿着的外衣最适合摆放。

衣柜下方的抽屉里放当季穿着的外衣、针织衫（放得下的话加上牛仔类），挑选衣服会方便很多。其他地方存放内衣和穿着频率低的衣物。

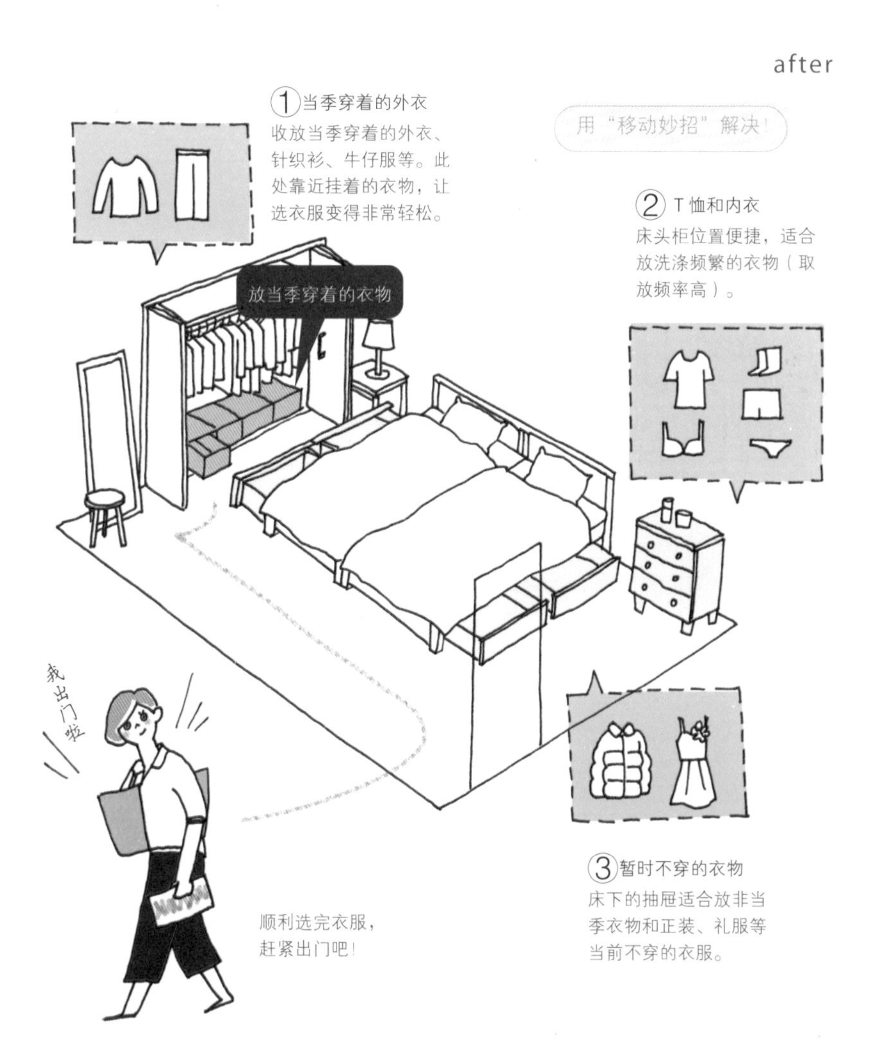

Q. 因为衣服太多，打算买一个临时衣架。

before

买的时候想得挺好，实际一用显得很杂乱，真郁闷。

用「整美妙招」解决

需要移动的是挂在临时衣架上的衣物。

1. 挑选挂出的衣物

限定颜色和数量，重新挑选挂出的衣物。

A. 只要注意挂出衣服的颜色与数量，就能提升整洁感。

临时衣架可以收纳大量衣服，但另一方面，各种颜色的衣服也容易暴露在外。注意控制衣服的数量和颜色，营造出统一感可以提高美观度。

挂出的衣服有了统一感，就不觉得杂乱了。

Change!

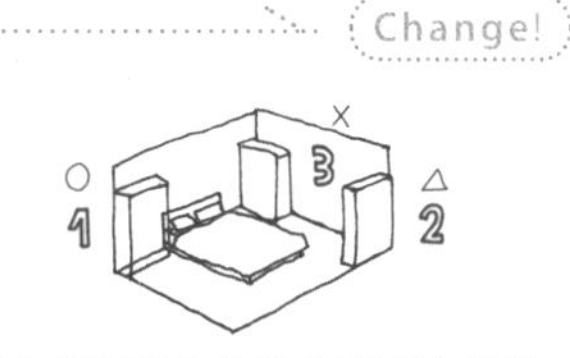

将衣架安置在从床上看不容易进入视野的地方（上图地点的理想排序为 1→3）。

另一个办法！

除此之外还有市面销售的带布艺外罩的临时衣柜。这也是一种解决方法。

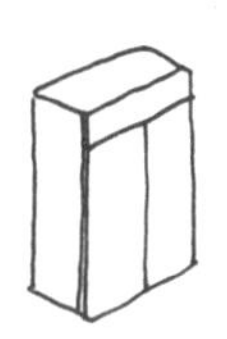

Q. 啊，取用真不方便！请教教我管用的饰品收纳大法！

before

【饰品的“怪”现象】

A. 分类放入刀叉收纳盘后送入抽屉。

饰品分类后分别放入刀叉收纳盘中。“缠绕、不便取出、丢失”等问题，都是由物品混放引起的。只要分开就没问题了！

after

饰品分类收纳 ⬅ 用“收纳妙招”解决！

① 项链 ② 耳饰、戒指、细锁骨链 ③ 胸针、手镯 ④ 手表

较大的项链直接放入

容易丢失，分装入小袋中，竖直插放

大件饰品直接放入

参照 P.147

将表带摊平放入

5cm

~25cm

将收纳盘放入抽屉，设置固定位置。

饰品收纳工具的关键是收纳盘的宽度与深度。太浅放不进手镯，太窄项链放不了几条就会满了。刀叉收纳盘这样的尺寸正合适。

7 没干劲时思考的事

没干劲收拾整理时，我总会想起小时候快乐的换季更衣，转换心情。

孩童时期，每年两次的换季更衣是属于妈妈和我们两姐妹的热闹节日。这件事其实并没有什么特别，就是家家户户习以为常的更替衣物。可只要妈妈说一句“今天我们换季更衣吧”，家里便会立刻沸腾起来。将过季的衣服取出来，叠好，装入衣物箱中。通过整理折叠衣物，认真面对自己的衣物。换衣服期间，有时打趣姐姐买的裤子真奇怪，捧腹大笑；有时说着“快看，变成这样了”，套上穿不下准备丢掉的T恤嬉闹；最后还会从旧衣柜里翻出妈妈的过时时装穿在身上，吐槽“要是穿这样的衣服出门，一定被人笑话”。每回换季更衣，总是在三人的开怀大笑中结束。

在这样愉快的收拾整理中，我们将无法再穿的衣服和希望保留的衣服分开，整理好衣柜。每年两次，满怀期待地迎接即将到来的下一个季节。

也许正是因为有这些旧时的回忆，我在进行衣柜整理这类大工程时，会觉得这类收拾整理是令人开心愉快的事。这种感觉强过家务的义务感。

因此，偶尔遇到实在提不起干劲的时候，我便会回忆起孩童时期的换季更衣。当更换完衣物的那种畅快感鲜明地再现在脑海时，我会转换心情暗想：“等一会收拾完了，一定特别有成就感。”以此为自己鼓劲，着手开始收拾。

我在著书中曾经提到过，每次遇到新朋友，我总会说“请不要把收拾整理当做令人讨厌的事”。因为当你有了收拾整理的开心回忆，以此对抗成见，会有助于今后的收拾。各位，在收拾干净后，请尝试自夸干得漂亮。请将自己的这份“快乐”深深地印在回忆里。

哎？睡袋找不到了？放进壁橱的东西又下落不明了。

before

重的、轻的、常用的、不用的全混在一起，也不知道具体放了哪些东西。先根据壁橱的隔断，确定放哪些物品吧。

A. 将壁橱分成 6 个区域，分别确定收放的物品。

可以将壁橱分成 6 个区域，分别存放不同的物品（上下 3 层 × 左右 2 列）。如果一口气全部整理会非常耗时费力，可以先从重物开始，一个区域一个区域分别突破。

after

用“收纳妙招”解决！

比方在 6 大区域中收纳这些物品。

物品放在中间，不便于取出。因此放置时最好分左右两列。

重点在于从上往下的 3 层中，分别放入 [A. 轻物]、[B. 常用]、[C. 重物]。首先将原先放在最下层的物品全部取出，寻找重物放入。这样目标明确，整理起来比较轻松。上图中，按照拉门的位置分出了左右区域，您也可以整一层只放一类物品。

Q. 壁橱深处最讨厌了。一点都够不着，该怎么利用好呢？

before

用“收纳妙招”解决！　【对想放入壁橱的物品进行分类】

A. 放在［上层］的轻物

B. 放在［中层］的常用品

C. 放在［下层］的重物

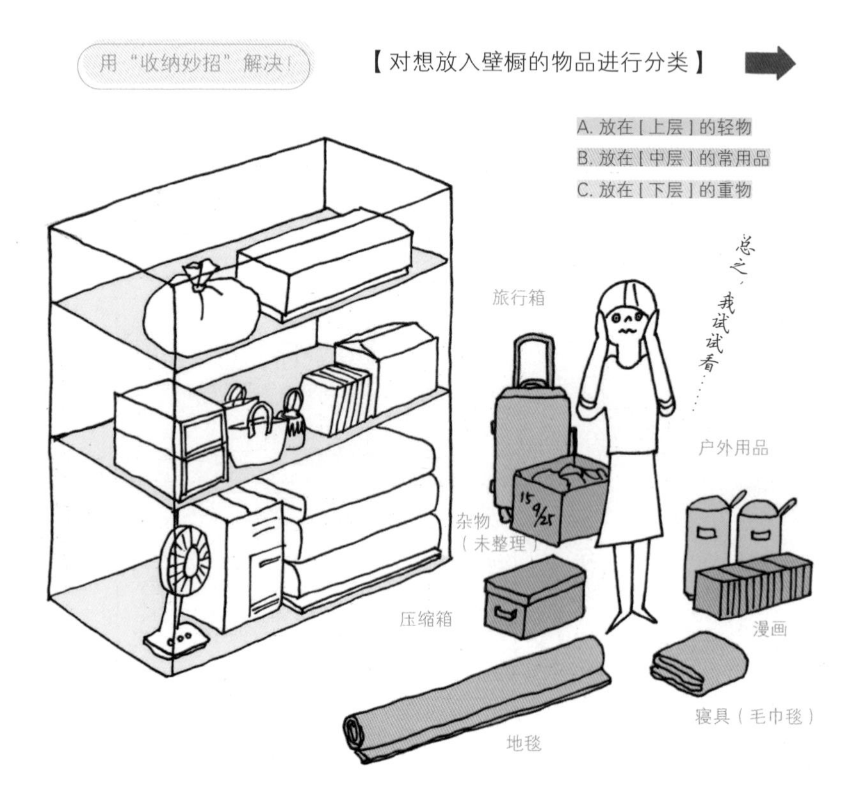

按照上一页的分类标准，对想收纳的物品进行分类。

A. 规则只有一个，常用物品靠外侧放，不常用物品放里面。

壁橱较深，收纳物品时唯一的规则是“靠外侧放常用物品”。一层一层分别收纳会更容易分类。

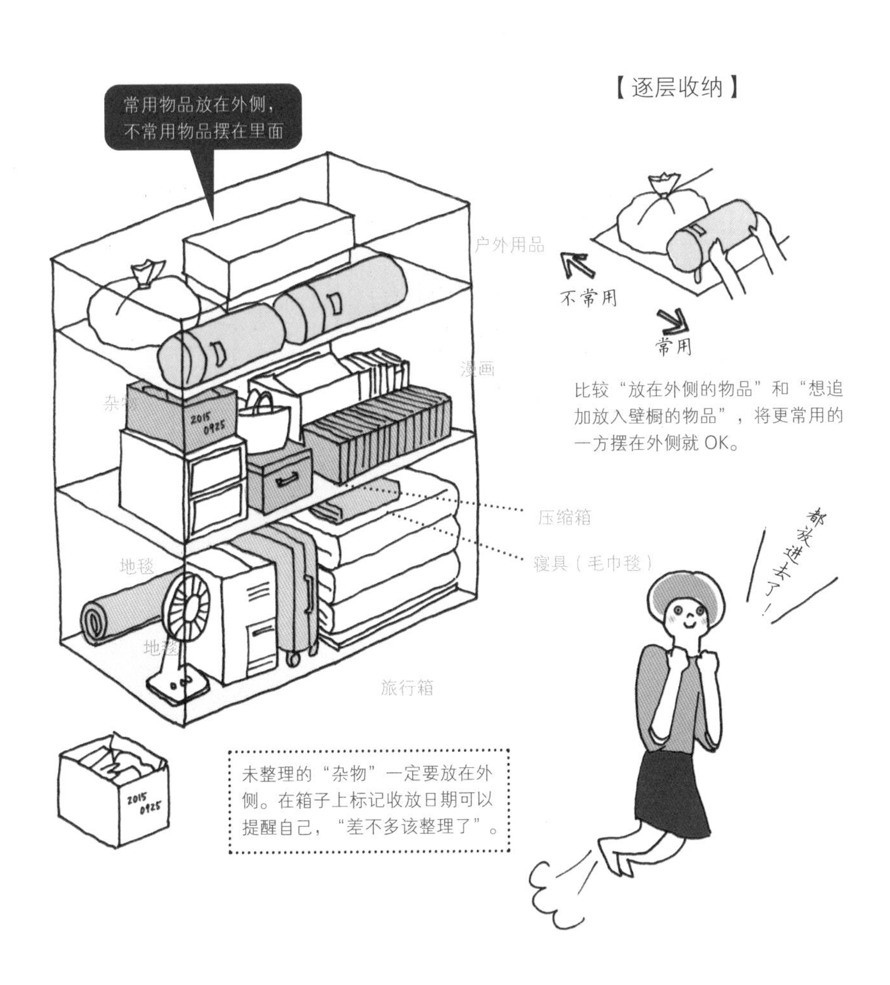

Q. 压缩好的被子很难放进狭小的衣帽间里。

before

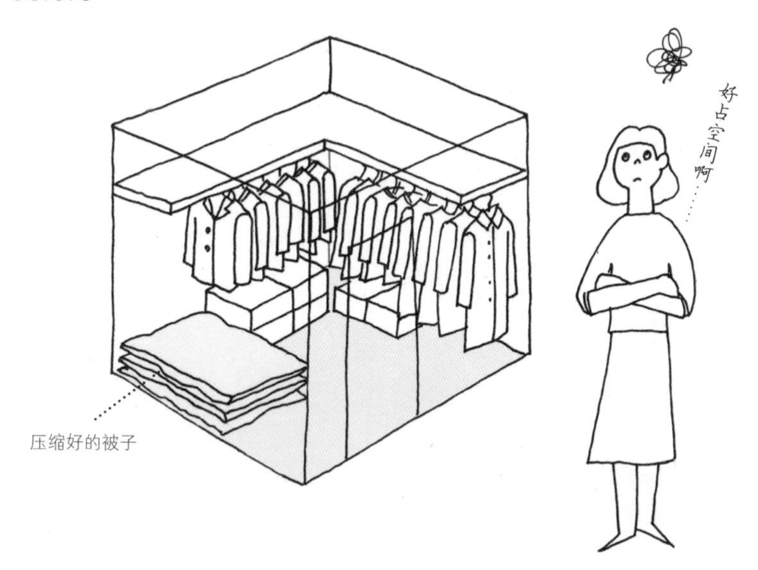

衣帽间比较窄，放入压缩好的被子后空间完全被占满了。

用「收纳妙招」解决

需要收纳的是压缩后的被子。

1. 准备工具

测量衣帽间较短一边的两侧墙壁间距离，购买长度合适的横杆。

A. 用横杆做防倒围栏，将被子竖着插放，空间就腾出来了！

将压缩好的被子竖起来可以节省不少空间。利用横杆做一个防倒围栏，就不怕有一定分量的被子倾倒了。想要放入更多物品时，这个点子能有效腾出空间来。

after

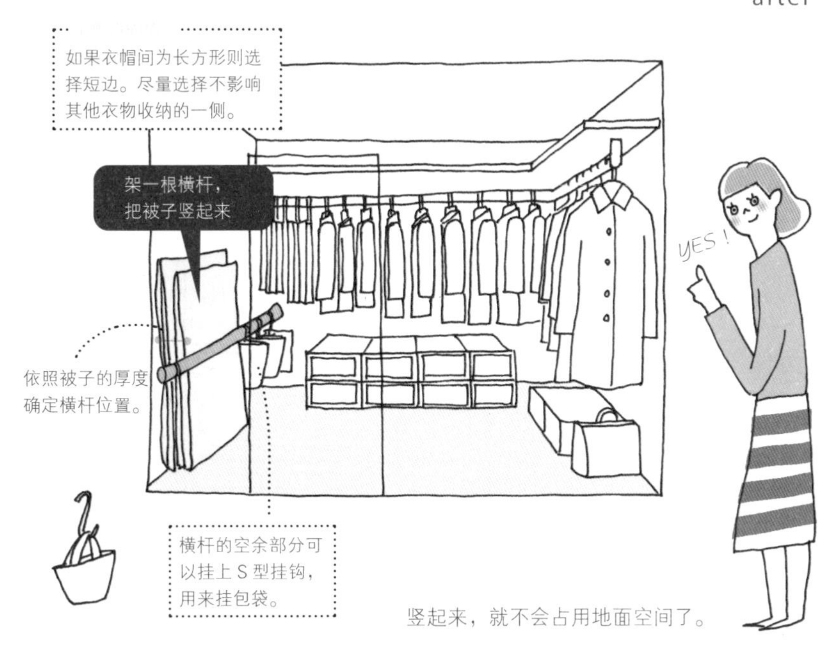

2. 开辟收纳位置

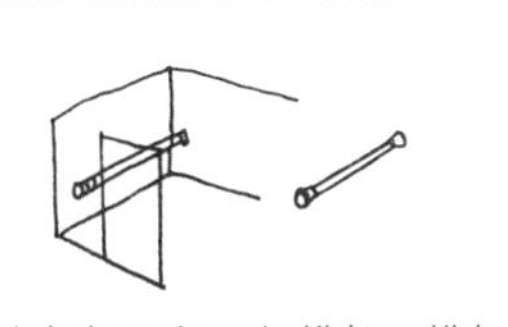

在衣帽间里架一根横杆。横杆位置根据被子的厚度决定。

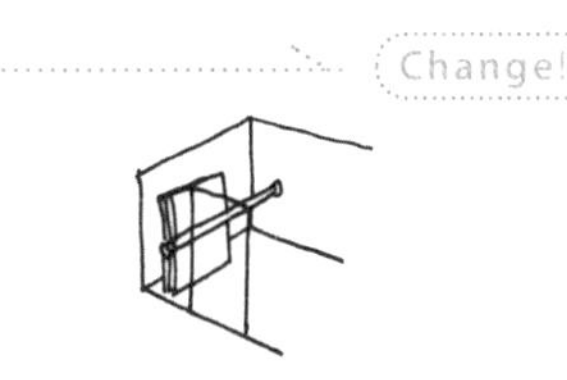

设置好横杆后，将压缩好的被子插放在里面，竖起来收纳。

Q. 好担心发霉和异味问题。有什么办法防范吗？

before

梅雨季节和开暖气致使橱内湿度提高的冬季是霉变的高发期。
如果橱内放有被子和衣物，就必须注意这一问题。

用「整美妙招」解决

需要更换的是橱中的空气。

1. 搬出物品

拆下移门，将橱中物品全部搬出。

A. 每年至少一次让壁橱通风换气。

更换空气即通风，能有效抑制发霉和异味问题。壁橱内空气流动性差，可以每年 1 次搬出橱内物品，让壁橱内换换气。

2. 通风换气

Change!

通风半天后，再将物品放回。

预防的用心

在湿气容易聚集的下层角落放除湿剂。还可在被子下面垫箅子，以免被子直接接触墙壁和地面。

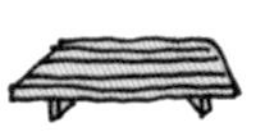

被子下面垫箅子

Q. 走廊的储物柜利用率不高。

before

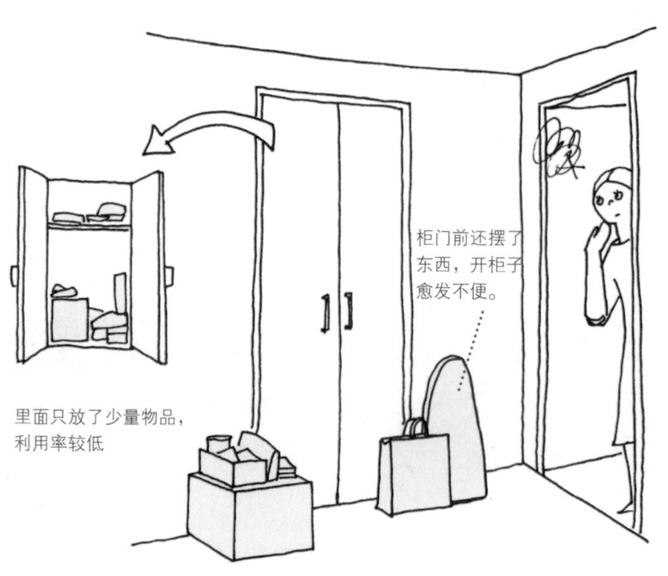

远离客厅，很少会来这里放东西。

用「移动妙招」解决

需要移动的是柜中的物品。

1. 确定地方

寻找从客厅收放东西便利的位置（确认打开柜门后能立刻伸手拿到的位置）。

A. 只用一部分方便取用的空间也好，努力提高使用率！

针对这类储物柜，可以先从打开柜门“触手可及的区域”着手，尝试使用。提高利用率后，放置在外不收纳的物品会逐渐减少，改善整个居室的收纳状况。

after

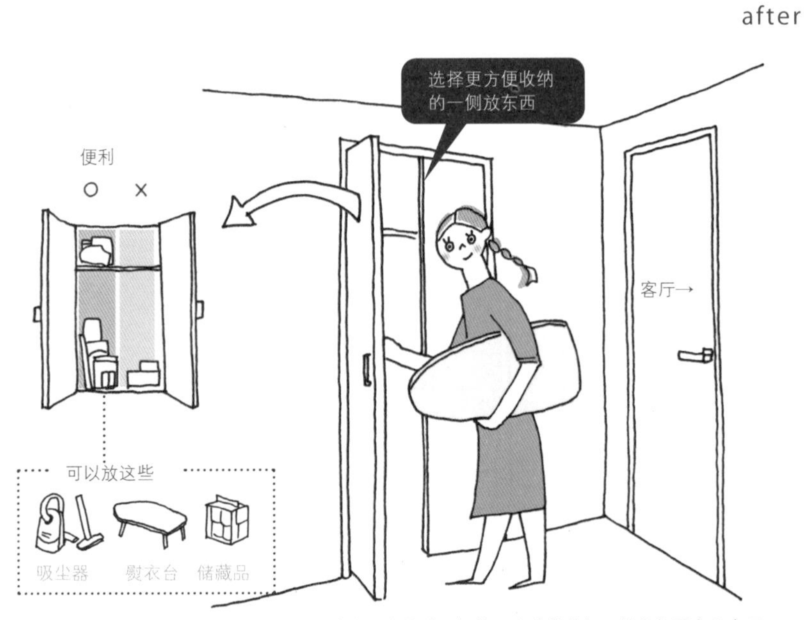

只要在日常生活中养成习惯使用这个储物柜，就能将厨房和客厅里放不下的物品收纳其中，改善居室内其他地方的散乱问题。

2. 移动物品

Change!

收纳这些

将物品放入方便取放的一侧。

占空间的吸尘器、熨衣台、一直散放在外的拖把等，较大、较长的物品收纳场所受到限制。这类储物柜正适合收纳它们。

Q. 虽说都放进去了，可取用真不方便，到底哪儿做得不对呢？

before

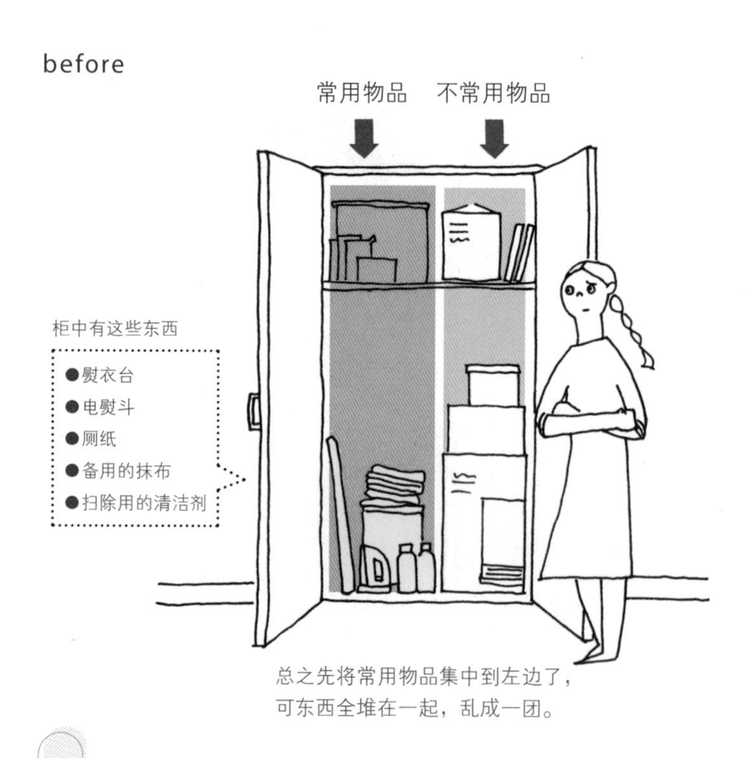

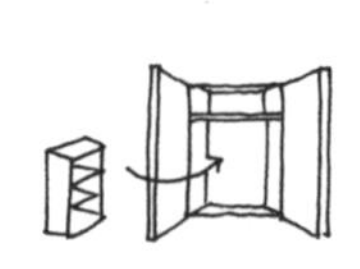

需要增设的是柜中的置物柜。

1. 寻找地方

测量便于取用一侧橱柜的长宽尺寸。

A. 在柜内追加隔层后，取用起来方便极了！

在储物柜中添置能进一步分层的置物柜，可以让物品取用变得更方便。像这样不断改善取用的便利性，就能逐步提高储物柜的使用率了。

after

常用物品　不常用物品

置物柜上放这些东西

- ●第 1 层　备用的抹布
- ●第 2 层　扫除用的清洁剂
- ●第 3 层　电熨斗
- ●置物柜外　熨衣台　厕纸

添一个置物柜，增加分层

放入置物柜后，储物柜里有什么东西一目了然。每件物品的取放也变方便了。

2. 放入置物柜

Change!

放入置物柜，并整理放回物品。

置物柜的选择方法

此处的置物柜无需示人，完全可以使用旧的格子柜。尺寸方面，宽度需小于单侧柜门宽，高度以 90cm 为宜。

用于衣柜的收纳单品

在衣柜中，为了凸显衣物，
宜选择色彩和款式简洁清爽的收纳用品。

带盒子的压缩袋更容易收放

带盒子的压缩袋在压缩后成四方形，很适合放入衣柜中。不过压缩袋较大时，压缩后会很重。如果想放在衣柜上层需要特别注意。

带盒压缩袋 作者私人物品（网购可得）

放置季节限定小物的盒子，选有盖子的

存放裤袜或是夏季小物，这个尺寸非常合适(宽13cm×长26cm×高10cm)。如果收纳保暖内衣，这一尺寸偏小，请追加同一系列的大号储物盒（长度不同）。

IKEA 附盖储物盒 TJENA

P.117 布艺收纳筐不会划伤包袋，可以大量收纳

这类布艺收纳筐种类繁多，只要能放在衣物箱上即可。推荐选择高 15cm~18cm 的款式，便于包袋的取放。

无印良品 聚酯棉麻混纺软收纳筐长方形・小

P.121 只需轻轻一挂，MAWA 的裤架

这款裤架带有防滑设计，收纳裤子只需轻轻一挂。嫌夹子裤架太麻烦的朋友可以使用这款，收放非常便利。挂时，上面挂常穿的裤子，下面挂周末才穿的取用频率较低的裤子。

MAWA 双层裤架 KH2

P.131 刀叉收纳盘的长度以 25cm 为宜

放饰品的刀叉收纳盘是放在抽屉里的，所以无需选择太高级的产品（既然是放饰品，建议可以选择木制的）。这款收纳工具的长和高是选择关键，需要注意确认。

刀叉收纳盘 作者私人物品

其他 玄关、盥洗台、阳台

Others

其他部分（玄关、盥洗台、阳台）本身空间狭小，物品很容易放不下。

不费脑筋的其他空间收纳

●让物品取用更方便 →用移动妙招把物品放在更合理的位置

●改掉随手摆放的坏习惯 →用增设妙招创造收纳场所

●下功夫扩大空间 →用收纳妙招增加收纳空间

Q. 玄关的地上鞋子放得满满当当，好想全部收起来啊。

before

用「收纳妙招」解决

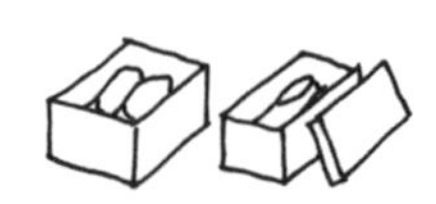

需要开辟的是玄关鞋柜的空间。

1. 丢掉鞋盒

将鞋盒全部丢掉（如果有非常想留下的鞋子或靴子的鞋盒可以留下）。

A. “丢掉鞋盒”。只需一点点改变，就能让鞋子放得更多。

在收拾玄关时，只需丢掉鞋盒，直接将鞋子放入鞋柜，就能节省很多空间。除此之外，将单鞋竖起来插放，灵活利用鞋柜上部的空隙，能更高效利用空间，放入更多鞋子。

参照 P.168

2. 收放鞋子

Change!

将鞋子放回鞋柜（如果层数不够，可以添置立式加层架）。

还能放更多

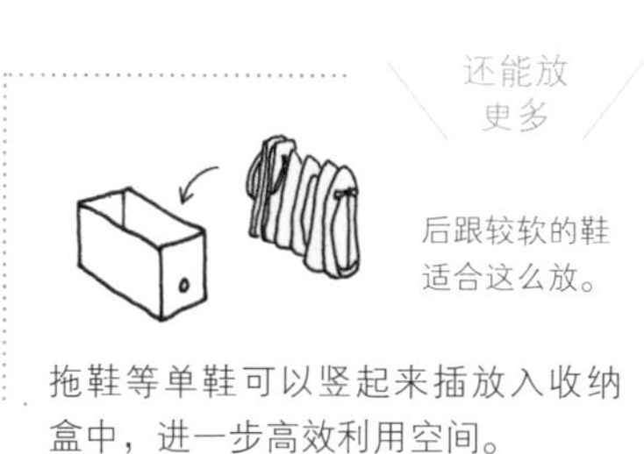

拖鞋等单鞋可以竖起来插放入收纳盒中，进一步高效利用空间。

Q. 靴子和拖鞋，这类放不进鞋柜的东西占领了玄关。

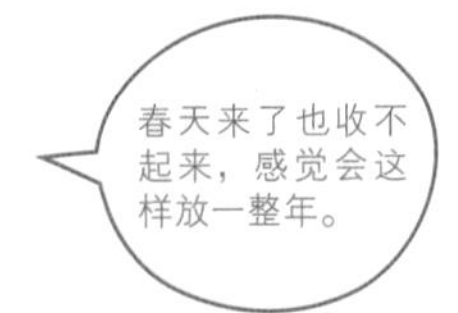

before

无处收纳的拖鞋和靴子占领了玄关。

用「移动妙招」解决

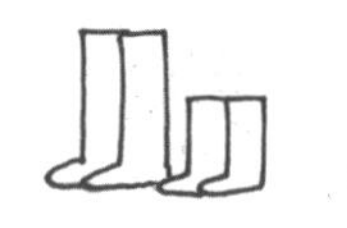

需要移动的是靴子与拖鞋。

1. 移走靴子

靴子收放到衣柜的上层（带鞋盒可以便于叠放）。

A. 拖鞋放在柜门背面，靴子不当季时可以收进衣柜。

想把拖鞋收在玄关附近，却没有空间。这种时候不妨利用柜门的背面。靴子放入鞋盒后，收入衣柜或储物柜中。稍微转变思路，就能为放不进的物品找到收纳位置。

after

拖鞋收入柜门背面

30cm

在柜门背面安装毛巾挂杆，30cm 宽的毛巾挂杆可以挂 3 只拖鞋。

靴子放衣柜

过季后将靴子移动到固定收纳处。

使用移动妙招开辟收纳空间，让玄关清清爽爽！

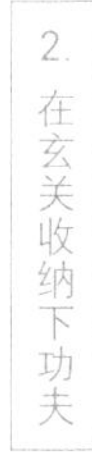

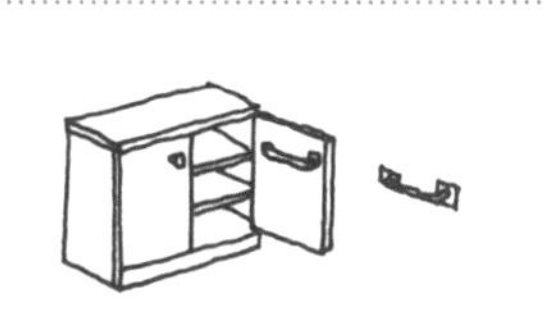

安装毛巾挂杆（位置不当会造成毛巾挂杆对上隔板关不上柜门，请确认没问题后再安装）。

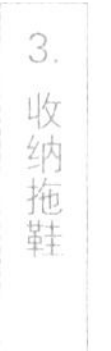

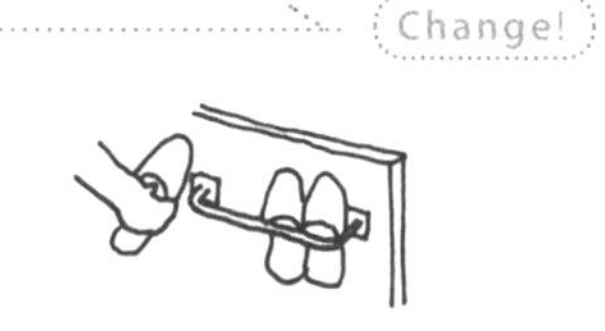

插入拖鞋完成(如果您租房居住，可以选择吸盘型毛巾挂杆）。

Q. 总是随手放在外面。没有地方收放雨伞！

before

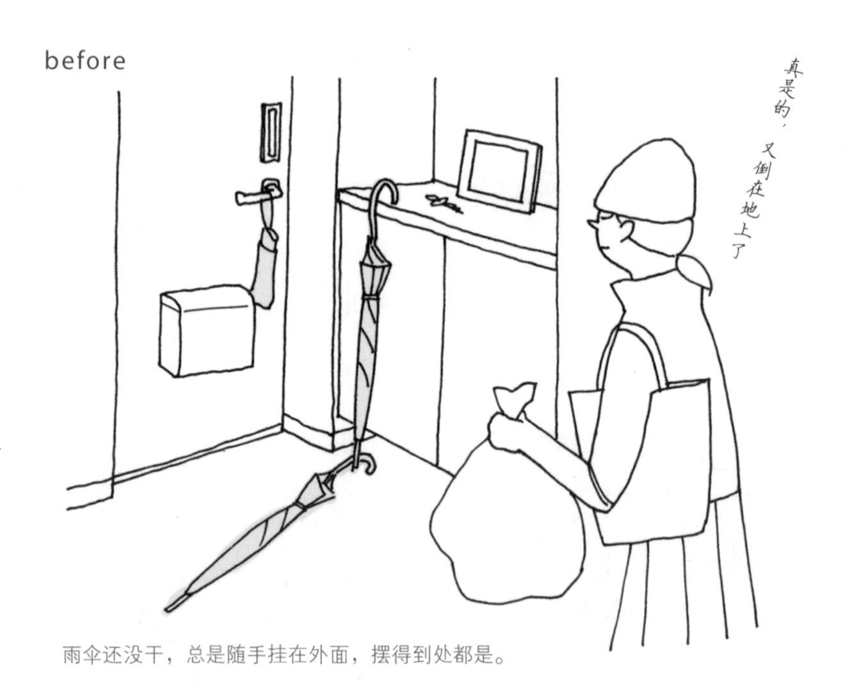

雨伞还没干，总是随手挂在外面，摆得到处都是。

用「增设秒招」解决

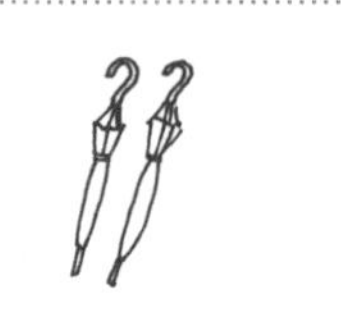

需要增设的是雨伞的收放处。

1. 确认雨伞数量

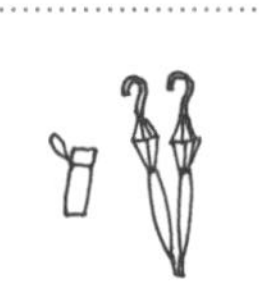

确认数量，数量不多可以用磁铁伞架收纳。

A. 推荐200元左右、小巧紧凑的伞架。

雨伞不收入柜中没关系，但不用伞架总会给人散乱之感。伞架根据雨伞的数量，推荐各有不同。先确认有多少雨伞吧。

after

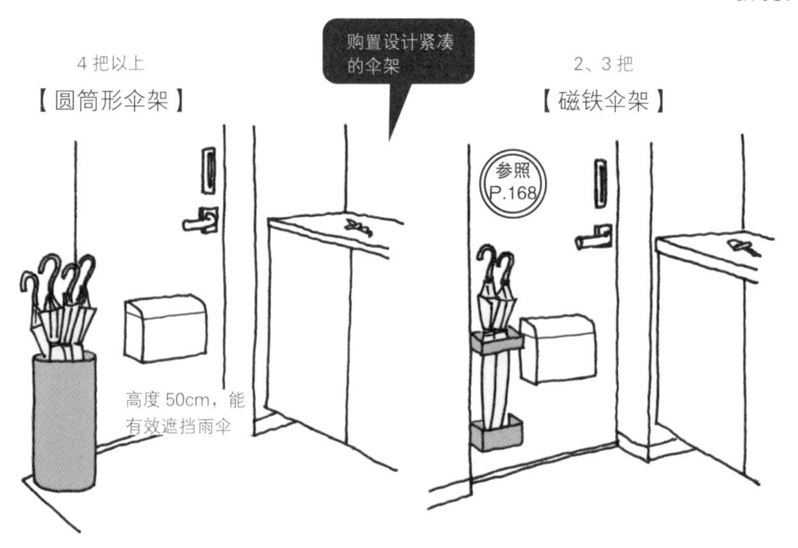

细长的圆筒形伞架，摆放在不开口的门侧。直径20cm，不会碍手碍脚。

为了不影响通行，将磁铁伞架安装在不开口一侧的门上(上图为左侧)。

Change!

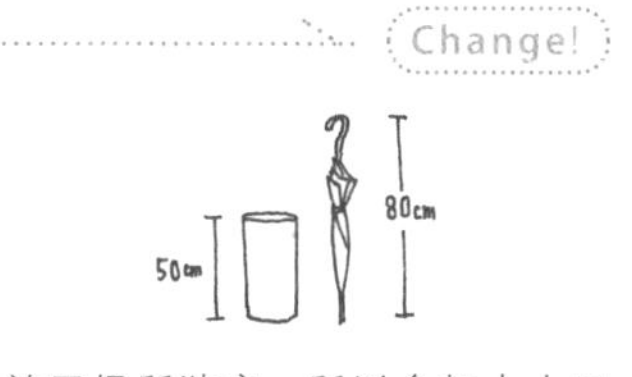

放置场所狭窄，所以伞架大小只需正好放下所有雨伞即可。

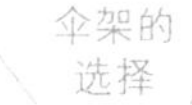

雨伞色彩斑斓。为了遮住观感散乱的雨伞，圆筒形伞架建议选择稳重的单色调。另外，为了能尽量遮挡花色，可以选择稍高的伞架。

Q. 鞋柜上放着杀虫剂，杂乱感满满。

before

为了方便使用摆在了外面，可外观实在不雅。

用「整美秒招」解决

需要整理的是摆放在玄关里的物品。

1. 放入包袋中

根据物品的高度，选择相应包袋，将物品放入其中（不够高会导致杂物外露，外观不佳）。

A. 使用小号包袋和外文书，巧妙收纳，整洁洋气。

放在玄关的喷雾和衣物刷可以使用包袋和书隐藏收纳。这里比较显眼，收纳时不仅要取用方便，还要漂亮大方。

after

←从侧面看示意图
在书后面放入闲置收纳箱，将物品收入其中。

放入帆布或编制包等可以保持竖立的包袋，高度宜选择可遮住 8 成物品的，比较美观。

2. 用书遮挡

Change!

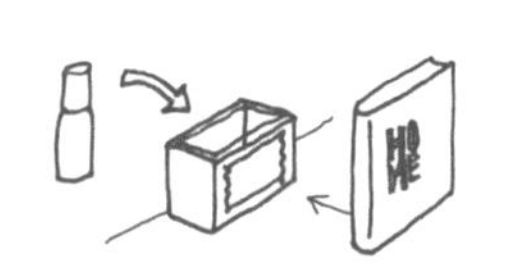

将收纳箱靠墙，外面用书挡住（收纳箱宽 10cm-15cm，书推荐使用 A4 大小）。

还能更美观

在外文书或包袋前添置一个小摆件，可爱度直线飙升。

Q. 放在盥洗台下面的东西，取用好不方便啊。

将扫除用品归拢到一起值得表扬。只需再进一步就好！

before

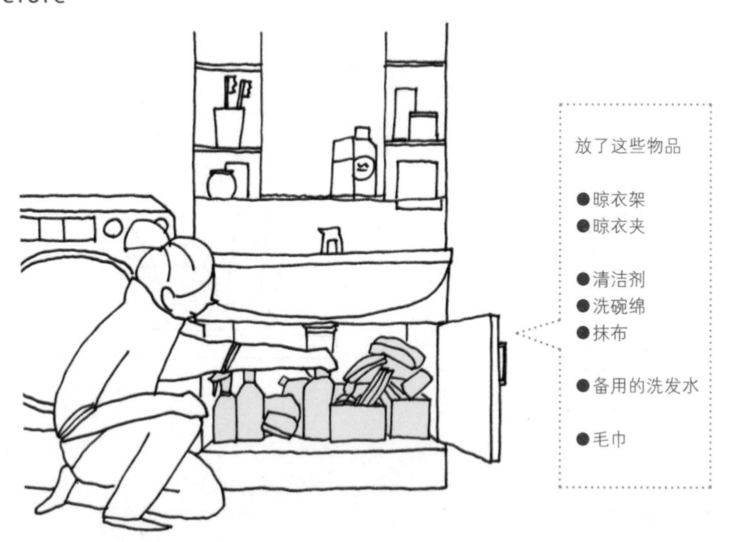

放了这些物品

- 晾衣架
- 晾衣夹
- 清洁剂
- 洗碗绵
- 抹布
- 备用的洗发水
- 毛巾

在下面放了扫除和洗衣相关的物品，可衣架有些重，取用很不方便。

用「收纳秒招」解决

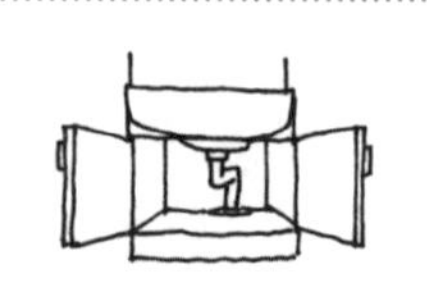

需要填充的是盥洗台下面的收纳空间。

1. 确认哪些物品较多

小物（洗碗绵、抹布等）

根据需收纳物品中数量较多种类决定收纳方法。

A. 横杆登场！上下加入横杆，有效利用空间。

将盥洗台下面分成两段，有效使用空间。收纳的要点是，注意不要碰到排水管，上层横杆挂轻物，下面可以放较重或大件物品。

after

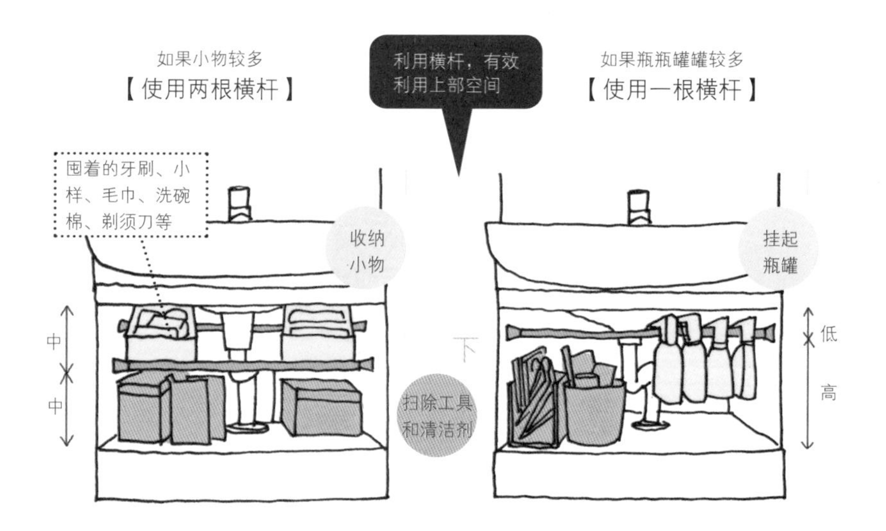

上：架两根横杆、搁放小物
下：摆放较重的清洁剂和洗发水

上：将喷瓶挂在横杆上
下：把较重的清洁剂和衣架立起来收纳

2. 设置横杆

根据数量较多的物品，选择横杆数量（瓶多一根，小物多两根）。

挂物品的方法

喷瓶用喷把勾住横杆，小物放在盒中，架放在两根横杆上。

Q. 摆在外面的化妆品和喷雾乱七八糟!

before

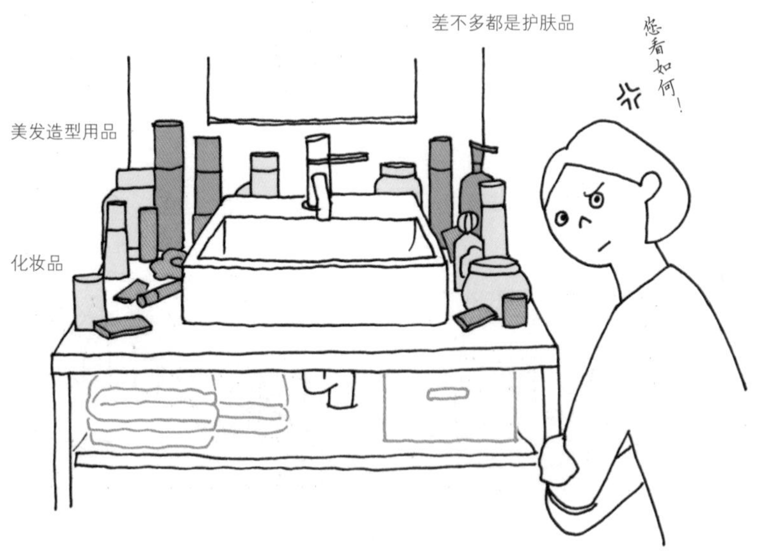

已经将同类物品归拢到一起了，可就是乱得不得了!

用「移动秒招」解决

需要移动的是放置在外的化妆品。

1. 按大小分类

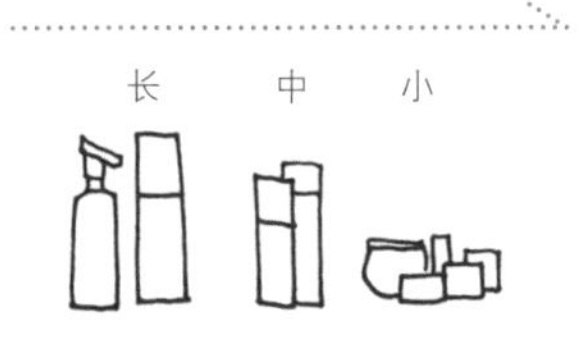

按照大小，分为“长、中、小”三类。

A. 按照“长、中、小”分类摆放，物品就一目了然啦。

摆在外面的化妆品类，可以不按照用途，而是按照长、中、小分成三类。长的靠里放，中的放在离长的较远的位置，小的放在最前面。这样什么东西在哪里就一目了然了。

after

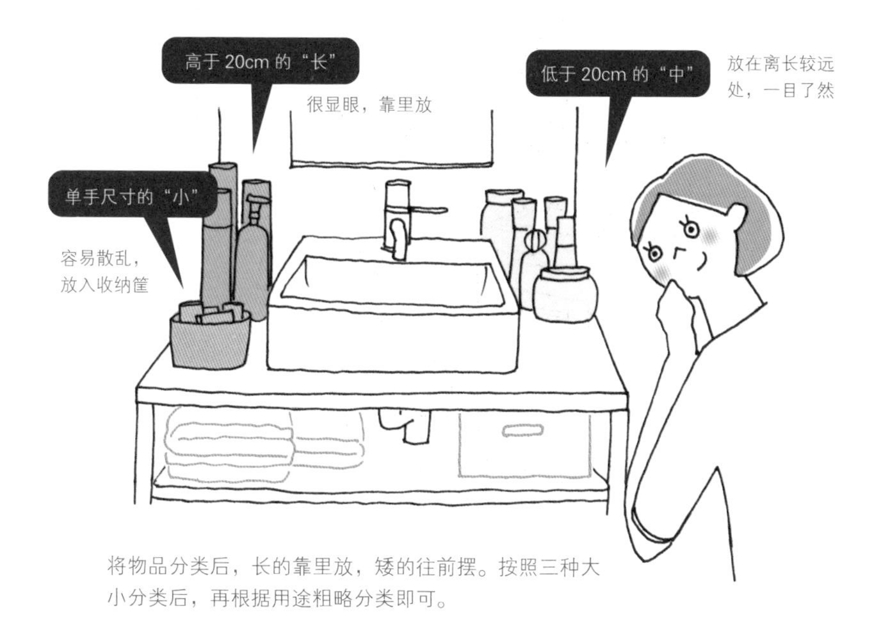

将物品分类后，长的靠里放，矮的往前摆。按照三种大小分类后，再根据用途粗略分类即可。

2. 改变摆放位置

Change!

长的靠里放，小的放在最前面，中的放在远离长的位置。

进一步分类

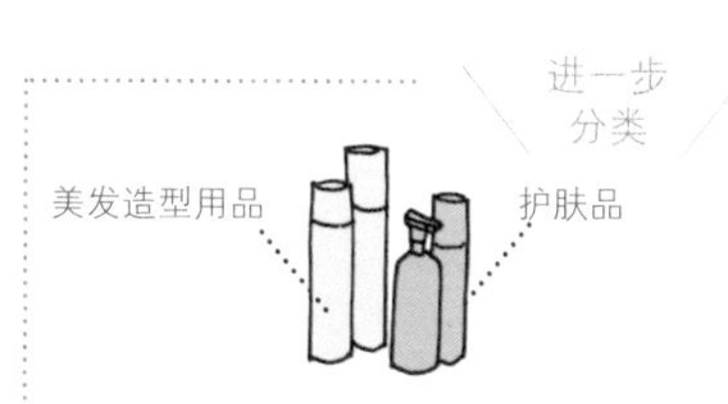

按照大小分类后，再将同种用途的物品排放在一起（粗略排放即可）。

Q. 盥洗台边的死角该怎么利用呢？

before

现在打扫浴室的工具全部散放在里面呢。

用「收纳秒招」解决

需要整理的是盥洗台边的空隙。

1. 测量空隙宽度

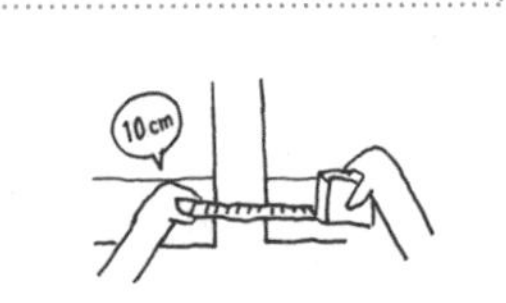

根据空隙的宽度决定收放的物品。

A. 添置毛巾挂杆或贴钩就能方便地利用起来。

将散放在地上的扫除工具和散乱在镜子前面的头饰放到这里吧。在盥洗台边添置贴钩或毛巾挂杆，取放物品就方便了。

after

如果宽度不足 10cm

【收纳头饰类】

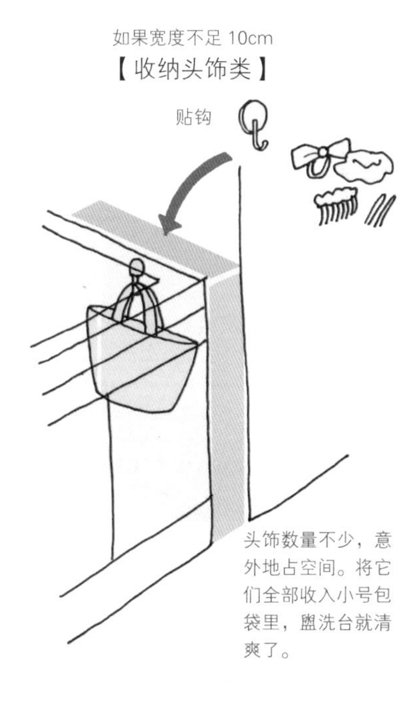

头饰数量不少，意外地占空间。将它们全部收入小号包袋里，盥洗台就清爽了。

如果宽度超过 15cm

【放置浴室扫除工具】

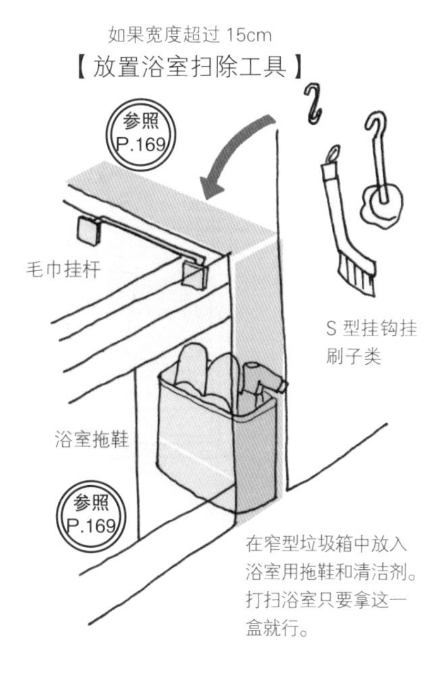

在窄型垃圾箱中放入浴室用拖鞋和清洁剂。打扫浴室只要拿这一盒就行。

2. 添置收纳工具

Change!

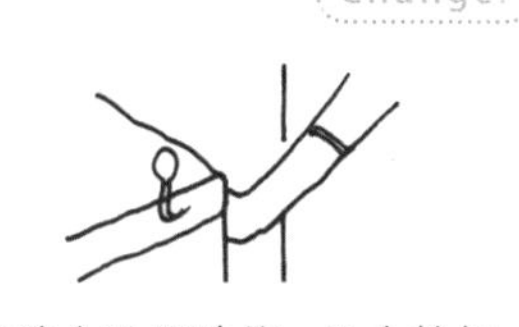

在盥洗台添置贴钩、毛巾挂杆，或者放一个垃圾箱。

深处放弃使用

这块空间很深，但将物品放入里面后，很难取出来，很可能导致再也不取用。建议放弃深处的空间，只用靠外面的部分，提高日常生活中的使用率。

Q. 阳台上，园艺土、铲子乱放一气，看起来太不整洁了。

每次看到都觉得必须得整理，很烦心吧。

before

阳台是距离室内最近的外部景观。为了眺望室外时心情舒畅，将乱糟糟的物品收拾一下吧。

用「增设秒招」解决

需要增设的是收纳园艺土和铲子的地方。

1. 准备花盆

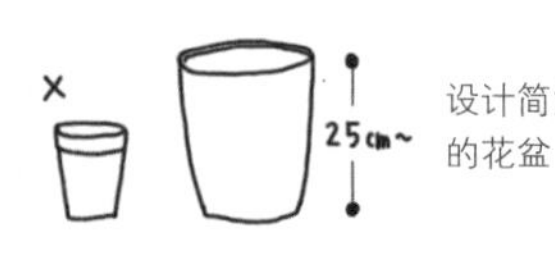

准备高度 25cm 以上的花盆（选择简洁的款式与阳台更相称）。

A. 增加一个高度 25cm 以上的花盆吧。

种花剩下的园艺土和肥料等物很容易散放在阳台上。使用花盆收纳，与其他盆栽摆在一起也不会太显眼。

after

使用种植大型观叶植物用的高度 25cm 以上的花盆或花盆套，较多物品也能全部容纳。

2. 全部放入花盆

Change!

将散乱在外的物品全部放入。

这样很轻松

阳台上使用的物品形状和大小均差异较大，如果分类摆放比较浪费空间。像这样一股脑全部放入大花盆里就轻松多了。

Q. 阳台很空，这里可以作为收纳空间使用吗？

before

储物柜里放不下的户外用品，能不能放在这里呢？

用「增设秒招」解决

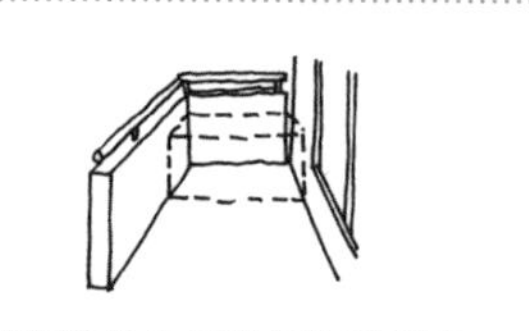

需要增设的是新的收纳场所。

1. 测量阳台

测量阳台的宽度（一般的公寓阳台宽约 1m）。

A. 使用密封性好的整理箱，阳台也能收纳。

如果要在阳台开辟收纳空间，推荐使用收纳汽车相关用品和工具的整理箱。这种整理箱有一定密封性，可以防水，一下子扩大了收纳空间。

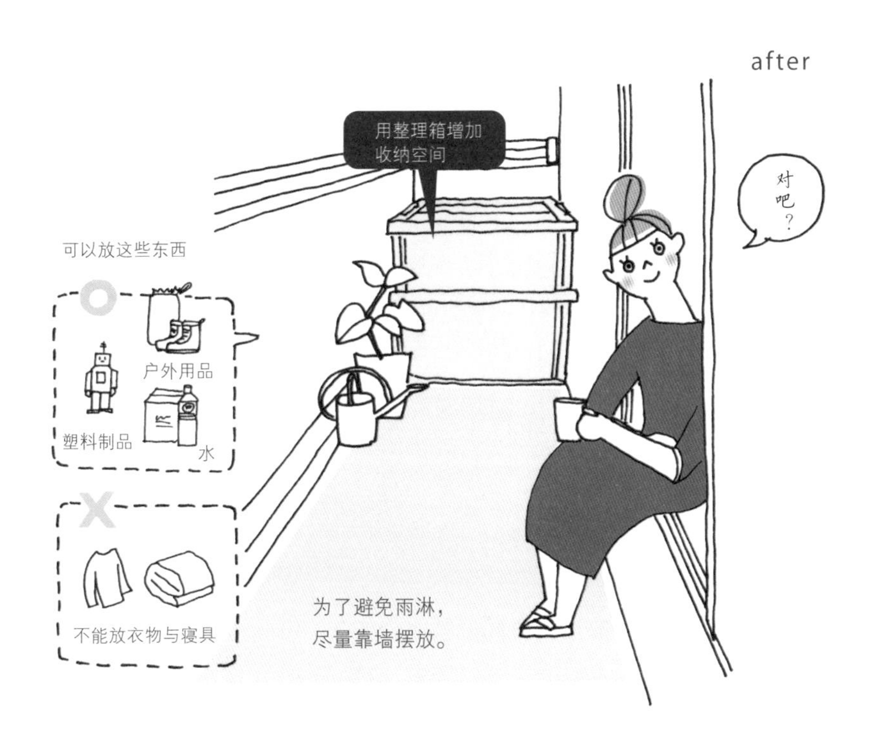

2. 准备整理箱

Change!

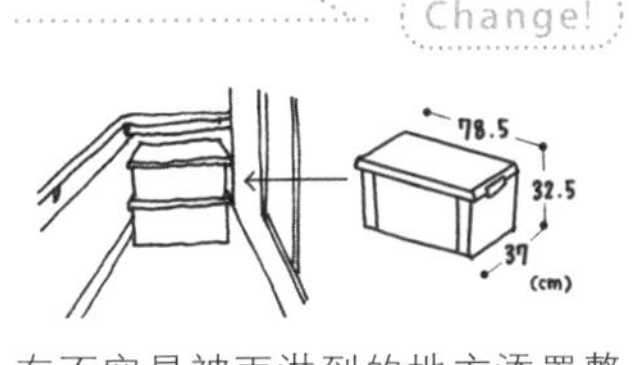

在不容易被雨淋到的地方添置整理箱。

整理箱的挑选方法

整理箱尺寸很多，反正要买，可以尽量买个大的，充分扩大收纳空间。推荐选择一些带有户外用品感的颜色，放在阳台更协调。

用于其他（玄关、盥洗台、阳台）的收纳单品

几处多为较狭窄的使用空间，
推荐选择设计紧凑小巧的收纳工具。

P.151

单鞋放入半宽资料收纳盒中

用半宽资料收纳盒收纳竖着插放的单鞋，大小正合适。该盒宽约10cm，正好能容纳一只单鞋。高约13cm，放入鞋后不容易倾倒。在无印良品不定期有售。

半宽资料收纳盒 作者私人物品

P.155

设计简洁大方的磁铁式伞架

吸在玄关门背后的磁铁伞架。如果伞不多，选择这款就足够了。外观简洁，吸力强劲。前面转角还设计为弧形，别具一格。

TOWER 磁铁雨伞架 07642

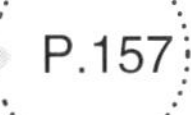

P.157 书 + 闲置收纳盒，散放在玄关的物品也能漂亮收纳

这一组合能将放在玄关的喷雾和杂物等漂亮地收纳起来。书开本太小的话，会无法挡住杂物，推荐 A4 大小。收纳盒从侧面看比较显眼，推荐 15cm 的素色款式。

收纳盒与书均为作者私人物品

P.163 要利用空隙，推荐椭圆形窄款垃圾桶

这款放入 15cm 宽间隙的垃圾桶，可以当垃圾桶用，也能放清洁剂和浴室拖鞋（扫除用）等物。它高 30cm，物品可整个放入，不会显眼。

CAINZ 椭圆立式收纳盒 8.5L

P.163 毫无累赘的毛巾挂杆

用于轻物的窄款粘贴式毛巾挂杆。不少毛巾挂杆都偏大，要用在空隙里，还是这类轻巧的产品更合适。这款产品价格便宜，细节精致，让人爱不释手。

LEC 粘贴式窄款毛巾挂杆 B-852

后　记

各位，读完《极简整理术》一书，您觉得如何呢？

“啊，原来是这样！”“这个办法我也能做，没问题！”如果您读后能有上述感想，那真是太令人高兴了。

每收拾掉一件物品，就感觉似乎打开了一扇沉重的窗户，阳光瞬间洒入房间。一直苦恼于不会收纳、停止不前的自己和我们沉闷的心情也会因此变得明快起来。

面对整理后干净清爽的房间，请您一定要这么想：“我原来不是不会收拾整理！”

在撰写本书的过程中，我受到了X-Knowledge斋藤优佳女士的照顾。看到我埋头猛写通常的收纳应该做到哪些，她提醒我道：“这样读者们没办法轻松学会，请再想想更加简便易行的办法吧。”斋藤女士的话语令我醍醐灌顶，更好地了解了读者的视角与观点。

最后，我由衷感谢一直充分理解支持我写作的家人和阅读本书的各位读者朋友。

川上雪

yl.

图书在版编目 (CIP) 数据

极简整理术 / (日) 川上雪著 ; 安忆译 . -- 南京 : 江苏凤凰文艺出版社 , 2016
ISBN 978-7-5399-9629-5
Ⅰ . ①极… Ⅱ . ①川… ②安… Ⅲ . ①家庭生活—基本知识 Ⅳ . ① TS976.3

中国版本图书馆 CIP 数据核字 (2016) 第 214965 号

版权局著作权登记号 : 图字 10-2016-388

书　　名	极简整理术
著　　者	[日] 川上 雪
译　　者	安　忆
策　　划	快读 · 慢活
责任编辑	姚　丽
特约编辑	渠　诚
出版发行	凤凰出版传媒股份有限公司 江苏凤凰文艺出版社
出版社地址	南京市中央路165号，邮编：210009
出版社网址	http:// www.jswenyi.com
经　　销	凤凰出版传媒股份有限公司
印　　刷	北京凯德印刷有限责任公司
开　　本	880 × 1230 毫米　1/32
印　　张	5.5
字　　数	100千字
版　　次	2016年11月第1版　2016年11月第1次印刷
标准书号	ISBN 978-7-5399-9629-5
定　　价	39.80元

出现印装、质量问题，请致电010-84775016（免费更换，邮寄到付）